航天器交会预测控制

Predictive Control for Spacecraft Rendezvous

阿丰索－博特略（**Afonso Botelho**）

巴尔塔扎尔－帕雷拉（**Baltazar Parreira**）

[葡]   保罗－罗萨（**Paulo N. Rosa**）   著

若昂－米兰达－莱莫斯（**João Miranda Lemos**）

余建慧 冉光滔 宋 斌 译

航空工业出版社

北 京

内 容 提 要

本书论述了用于执行航天器交会机动的模型预测控制算法的设计。虽然交会任务已经成功执行了数百次，但新的制导和控制算法的开发仍然是一个受到广泛关注的研究领域，研究的目标是提高这些机动的效率、安全性和自主性，本书对航天器交会机动模型预测控制的最新研究内容进行了整合。

本书既适合刚接触轨道交会和模型预测控制这两个方向的读者阅读，也为航空航天领域的研究人员和专业人士提供参考。

图书在版编目（C I P）数据

航天器交会预测控制/（葡）阿丰索 – 博特略（Afonso Botelho）等著；余建慧，冉光滔，宋斌译. 北京：航空工业出版社，2024.9. – – ISBN 978 – 7 – 5165 – 3667 – 4

Ⅰ．V526

中国国家版本馆 CIP 数据核字第 2024F4Y077 号

北京市版权局著作权合同登记

图字：01 – 2024 – 4658

First published in English under the title：*Predictive Control for Spacecraft Rendezvous*, edition：1, by Afonso Botelho, Baltazar Parreira, Paulo N. Rosa and João Miranda Lemos.

航天器交会预测控制
Hangtianqi Jiaohui Yuce Kongzhi

航空工业出版社出版发行

（北京市朝阳区京顺路 5 号曙光大厦 C 座四层　100028）

发行部电话：010 – 85672666　010 – 85672683　读者服务热线：010 – 85672635

北京富泰印刷有限责任公司印刷　　　　　　　　全国各地新华书店经售

2024 年 9 月第 1 版　　　　　　　　　　　　2024 年 9 月第 1 次印刷

开本：710×1000　1/16　　　　　　　　　　字数：158 千字

印张：8.5　　　　　　　　　　　　　　　　定价：65.00 元

译 者 的 话

在当今科技蓬勃发展的时代，航天技术作为人类探索宇宙的重要手段，正经历着前所未有的变革。特别是在航天器的交会对接技术方面，其重要性日益凸显。交会对接技术是开展空间在轨卫星维护、空间碎片清理、空间站物资补给等任务的基础，也是未来深空探测和载人航天的重要组成部分。因此，能够深入理解和掌握交会预测控制的相关理论与实践，对于航天从业人员和研究者而言，显得尤为重要。为此，西班牙 Deimos 航天技术公司阿丰索－博特略（Afonso Botelho）、巴尔塔扎尔－帕雷拉（Baltazar Parreira）、保罗－罗萨（Paulo N. Rosa）和里斯本大学若昂－米兰达－莱莫斯（João Miranda Lemos）合著了《航天器交会预测控制》一书。该书系统地介绍了预测控制的基本理论，还结合实际案例，深入探讨了其在航天器交会中的应用。

本书共分为 5 章，具体内容如下：第 1 章主要介绍航天器交会的研究现状，以及本书在该领域的贡献；第 2 章详细阐述模型预测控制的基本理论，包括其原理、算法及应用；第 3 章探讨航天器的相对轨道动力学，分析影响交会过程的关键因素；第 4 章介绍航天器交会的模型预测控制方法的设计与实验验证，重点讨论控制策略的实现和效果评估；第 5 章总结本书的主要工作，并展望航天器交会技术的未来研究方向。

本书的翻译工作由北京跟踪与通信技术研究所余建慧、哈尔滨工业大学冉光滔负责全书翻译与统稿工作，同时上海宇航系统工程研究所宋斌负责总体校审工作。翻译过程中，译者力求忠于原文，同时注重语言的流畅性和可读性。对于一些专业术语和概念，译者进行了仔细的考证，确保在中文语境中能够被准确理解。但因译者水平有限，若存在翻译不当之处，恳请广大读者批评指正。

在本书的翻译过程中得到了同行的帮助和支持，特别感谢哈尔滨工业大学李传江教授、郭延宁教授等对本书校阅工作的帮助。同时真诚地感谢团队学生董亿达、黄皓琪、邵睿、李东庭、闫慧达、周立凡、吴双宏等在文字与公式编辑等方面的辛勤付出。由衷地感谢航空工业出版社邵箭编审和李金梅副编审在本书校稿中提出的宝贵意见，正是他们严谨的态度和专业的修养，对译稿的质

1

量提升带来了极大帮助。

最后，希望读者在阅读本书时，不仅能够获取专业知识，更能感受到航天事业的魅力。航天器的每一次发射，都是人类智慧与勇气的结晶。作为译者，我们深感荣幸能够参与到这一伟大事业中，为推动航天技术的发展贡献绵薄之力。

前　　言

本书论述了用于执行航天器交会机动的模型预测控制算法的设计。虽然交会任务已经成功执行了数百次，但新的制导和控制算法的开发仍然是一个受到广泛关注的研究领域，其研究目的是提高这些机动的效率、安全性和自主性，本书对航天器交会机动模型预测控制的最新研究内容进行了整合。这本书既适合刚接触轨道交会和模型预测控制这两个领域的读者阅读，也为航空航天领域的研究人员和专业人士提供了值得关注的内容，包括本书对这一研究领域的一些贡献。此外，本书还是基于模型的预测控制课程的有益补充。

本书由第一作者（A. Botelho）的学位论文改编而成，并在其余作者的指导下完成。作者团队的成员包括里斯本大学研究最优控制并在此领域拥有丰富专业知识的教授（J. M. Lemos），以及航空航天公司 Elecnor Deimos 的两位专家（B. Parreira 和 P. N. Rosa），Elecnor Deimos 是欧洲航天局（European Space Agency，ESA）的合作伙伴，也是欧洲航空航天工业的著名企业。该论文的研究目的是验证将模型预测控制技术运用于欧洲航天局 PROBA - 3 交会任务实验（RVX）的可行性，该任务由 Deimos Engenharia 领导。

感谢欧洲航天局对本书的支持，使得作者团队能够使用由 Deimos 根据欧洲航天局第 4000111160/14/NL/MH 号合同开发的 CLGADR 高保真模拟器来验证仿真结果。本文所表达的观点不反映欧洲航天局的官方意见。

本书研究的部分工作得到了网络物理系统应用分布式优化控制项目（Distributed Optimal Control for Cyber - Physical Systems Applications，HARMONY）的支持，该项目由葡萄牙科学技术基金会（Fundação para a Ciência e a Tecnologia，FCT）资助，合同编号为 AAC nº2/SAICT/2017 - 031411.

葡萄牙里斯本

2020

阿丰索 - 博特略

巴尔塔扎尔 - 帕雷拉

保罗 - 罗萨

若昂 - 米兰达 - 莱莫斯

目　　录

第 1 章　引　　言

如图 1 –1 所示，轨道交会是指两个独立的航天器在同一轨道上相遇并交会的过程，从而使它们的轨道速度和位置大致匹配[1]，轨道交会能够实现月球登月舱与指令舱在月球轨道上交会，从而使"阿波罗"登月任务具有了可行性，也能用于建造和补给模块化空间站，比如"和平"号空间站（Mir）和国际空间站。轨道交会的其他应用包括对小行星、彗星和小卫星等较小天体的探索；卫星在轨服务，例如，哈勃太空望远镜的多次维修任务，主动清除空间碎片等。交会过程之后通常是对接或停泊阶段，最终实现两个航天器的刚性连接。

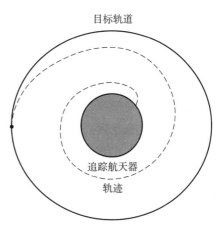

图 1 –1　轨道交会机动图解

1965 年，"双子星座" 4 号载人飞行任务进行了首次交会尝试，但由于采取了简单的直接对接方法，导致航天器间距离增大，最终任务失败。该任务的失败表明空间交会任务具有一定挑战性，因而需要对两个航天器的相对轨道动力学展开进一步研究。自那时以来，载人和无人航天器利用各种不同的制导和控制方法成功执行了数百次交会任务。在这个背景下，本书讨论使用模型预测控制（model predictive control，MPC)[2]来执行交会机动的问题。MPC 是一种广泛使用的优化控制策略，它能够很自然地考虑系统动力学，并有效处理各种运行约束。与传统技术相比，使用 MPC 可赋予航天器更多自主性，并提高接近轨迹的最优性。

将 MPC 应用于交会的相关文献比较多，并且目前这一领域的研究依然活跃。但据作者所知，MPC 在实际航天飞行中只进行过一次测试，即 PRISMA 飞行任务[3]。虽然这次测试是在编队飞行而非交会的情况下进行的，但基本原理是相同的。在真正的交会飞行任务中，使用 MPC 的主要困难在于它需要大量的在线计算工作，从而对机载计算能力提出挑战。此外，在交会任务可能存在扰动的情况下，还没有一种既能实时执行又能保持良好性能的标准策略，因此需要进一步研究。

1

1.1 问题描述

航天器交会任务一般分为以下几个阶段：发射、调相、远距离交会、近距离交会和对接[1]。发射阶段以进入预定轨道结束，预定轨道与目标轨道接近共面，通常高度较低且位于目标（航天器）之后，该阶段不在本书的讨论范围内。调相包括对轨道参数进行微小的修正，以及利用不同的轨道周期进行被动等待，以便让发射的航天器赶上目标（航天器）。这一阶段可能持续数天，不需要很高的精度。校正操作在开环中进行，无须使用 MPC。然后，交会过程从远距离阶段开始，此时发射的航天器距离目标（航天器）的距离通常小于几十千米，可以进行相对导航。远距离阶段结束后，当两颗卫星相对距离缩小到几千米时，近距离交会开始，此时需要进行关键的安全机动。因此，这两个阶段可以从使用 MPC 执行接近机动中获益，其中近距离交会阶段是本书的重点。对接阶段（停靠或靠泊）通常有一系列截然不同的要求和约束，因此也不在本书的讨论范围之内。

航天器的机载自动控制系统包含三个执行推力机动的子系统：制导、导航与控制（guidance, navigation and control, GNC）[1]。制导系统生成参考轨迹和航天器姿态；导航系统提供状态测量和估计；控制系统发出力和扭矩指令，使航天器达到预定的状态。MPC 可同时处理制导和控制部分，本书不考虑导航部分。此外，由于轨道转移和姿态控制通常在远距离和近距离交会阶段解耦[1]，因此本书只讨论轨道转移控制。最后要指出的是，虽然所有实际的交会和编队飞行任务都是在目标圆轨道或近似圆轨道上进行的，但有必要考虑目标椭圆轨道。这会使其动力学变为时变，因此更加复杂，进而使任务难度增加。例如，欧洲航天局的 PROBA-3 飞行任务将把航天器置于高椭圆轨道，以验证编队飞行和交会技术。

1.2 研究现状

本书涵盖多个不同的研究领域，因此将分别讨论这些领域的最新进展要点。MPC 于 20 世纪 60 年代首次提出，现已成为一个非常成熟的框架，具有广泛的理论基础[2]和大量成功应用的历史，其中大部分应用于流程工业[4]。MPC 现在仍然是一个热门的研究领域，最近的研究主要侧重于将 MPC 应用于特定问题，包括航天器交会控制[5]。部分学者对 MPC 实时可行性的问题展开了研究，例如，基于 MPC 结构的新优化算法[6-8]，以及通用的显式 MPC 框架[9-10]。近年来还出现了 MPC 新的子领域，如分布式 MPC[11-12]、混合 MPC[13]、耦合 MPC[14]、随机

MPC[15] 和神经网络 MPC[16] 等。

在相对轨道动力学研究中，虽然非线性动力学容易用牛顿定律推导得出[17]，但这些微分方程并没有解析解，这限制了它们在机载和实时环境中的实用性。因此，针对这一主题的研究至今仍在进行，旨在确定具有解析解的近似动力学，这是任何交会策略所必需的。Hill 于 1878 年首次建立了在局部非惯性参考系中以笛卡儿坐标表示的相对运动的一组线性化方程，该方程适用于圆轨道[18]。1959 年，Clohessy 和 Wiltshire[19] 首次在轨道交会中应用并求解了这组方程，但这一解法仅适用于近圆轨道。1963 年，De Vries 将方程推广到椭圆轨道[20]，并将自变量改为真近点角，对方程进行了简化。随后，Tschauner 和 Hempel 于 1965 年[21] 求解了这些方程，并将其应用于椭圆轨道上的航天器交会。1998 年，Carter 以状态转移矩阵的形式给出了 Tschauner – Hempel 方程的简化解[22]，该解适用于任意偏心率的轨道。在 2002 年，Yamanaka 和 Ankersen 引入了一种计算上更简单的状态转移矩阵[23]，不过这种描述只适用于圆轨道和椭圆轨道。最后，Ankersen 对这一方案进行了补充，通过恒力离散化构建了航天器被控状态下的状态转移矩阵[24]，可用于航天器控制。

最近许多研究关注建立包含不同摄动的线性化模型。Hill – Clohessy – Wiltshire 方程推广到了包含 J_2 摄动[25]，以及大气阻力影响的情况[26]，但这些研究只对近圆目标轨道有效。后来，参考文献[27]提出一个考虑 J_2 摄动并适用于椭圆目标轨道的动力学模型。参考文献[28]提出了一个包含大气阻力的动力学模型。

前面提到的所有动力学模型都是基于笛卡儿坐标系提出的，而另一种常用于航天器交会和编队控制的方法是基于开普勒轨道要素。拉格朗日方程和高斯变分方程[29] 分别表征了保守和任意局部参考系摄动（如重力摄动或受控推力）对卫星轨道要素的影响。由此，两颗卫星相对动力学的线性化模型可以用相对轨道要素（relative orbital elements，ROEs）来描述，而不是常用的相对位置和速度。相对轨道要素可以根据目标（航天器）和追踪航天器的绝对轨道要素任意定义，最直接的形式是两颗卫星要素的简单差值[30-33]。由此建立的线性方程与基于笛卡儿的模型相比具有一些优势，例如，由于此时的线性方程基于目标轨道要素而不是目标位置线性化的，因此在相对距离较大时仍能保持精度。此外，该模型在考虑目标的偏心率、并更容易加入、高阶势模型和其他摄动上更具优势。D'Amico 等[34-36] 提出了基于不同 ROE 公式的最新动力学模型，这些模型更容易实现稳定和被动安全的轨道设计，并且将 J_2 摄动和大气阻力摄动考虑进来[37]。

Yamanaka - Ankersen 状态转移矩阵被认为是用于椭圆轨道交会任务设计的最先进的解决方案，因为该方法成熟、包含目标的偏心率、相对于其他模型更为简单，并且在笛卡儿坐标系中的表示比其他状态表示更直观。同时，针对不同和改进的线性化相对动力学模型的研究仍在继续。参考文献［38］和［39］对目前文献中可用的模型进行了总结，并对这些模型的递推精度进行了对比，参考文献［39］进一步比较了模型的运行时间。

当前最先进的交会制导和控制方法依赖于控制航天器沿着一系列航迹点行进，这些航迹点通常在任务分析期间离线定义，沿航迹点行进时采用具有解析解的简单机动，例如，两次助推或直线接近，可能还有一些有限的中间修正机动[1,40,41]。这些方法的计算效率高，适用于实时环境，具有良好的鲁棒性、成熟度高，且有成功应用的案例，但牺牲了最优性和自主性。

在 20 世纪 50 年代，Lawden[42]率先将最优控制理论应用于交会问题，并最终提出了主矢量理论。虽然从技术上讲，基本理论是变分法而不是最优控制，但 Lawden 阐述了最优航天器轨迹的一阶条件。此后，几本关于航天器最优控制的书籍出版，巩固了该领域，见参考文献[43] ～ [45]。

尽管采用不同方法解决交会制导与控制问题的研究非常广泛，尤其是采用最优控制方法。然而，这些工作是基于间接数值方法（庞特里亚金原理的各种形式），存在一些实际应用上的局限性[46]。最近几十年，随着航天器算力不断提升，以及对最优性和自主性需求的日益增长，直接方法的应用研究才刚刚开始，如 MPC 或伪谱方法[47]。

最早将 MPC 应用于交会问题的是 Richards 和 How[48]，他们提出的基本公式后来被大多数文献采用，即定时域（Fixed - Horizon，FH）MPC 和变时域（Variable - Horizon，VH）MPC，虽然优化描述早在之前就已引入[49]，但还未在交会 MPC 的背景下应用。这些公式将交会机动的燃料消耗作为优化指标，并将优化问题建模为线性规划（linear program，LP），满足在线计算的实时性要求。因此，当前的研究主要致力于扩展这些公式，例如，在交会任务中存在许多扰动和摄动的情况下增强鲁棒性，同时确保收敛、满足约束条件和保证性能。本书第 4 章针对鲁棒 MPC 交会问题的最新研究进展，特别是鲁棒技术进行了综述。

1.3　贡献

本书首先介绍了一般 MPC 理论的基本知识，并通过简单的示例问题和仿真展示了这种控制方法的能力，可作为初学者的实用教程。书中还介绍了相对轨道动力学，推导了近似动力学模型，并进行了若干仿真，以帮助读者进一步理解交会时的动力学和机动过程。

本书对 MPC 交会的贡献包括考虑在大偏心率椭圆轨道上的交会机动，这在现有文献中并不常见，尤其是本书所考虑的偏心率非常大。基于这一条件，本书提出了一种新的预测时域动力学采样方法，采用恒定的偏近点角采样间隔，能更好地处理大偏心率椭圆轨道的动力学特性随时间变化较快的问题。本书比较了有限时域和变时域 MPC 方案的性能和计算复杂度，并将它们与传统交会制导算法中使用的双脉冲转移方法进行了对比。

此外，书中还提出了一种制定避障约束和被动安全约束的新方法，该方法依赖于迭代线性优化，并允许在实时应用中包含这些约束，同时保持最优性。最后，本书还提出了新的鲁棒技术，通过使用终端二次型控制器来实现更精确、更鲁棒的最终制动机动，并动态放宽终端约束，以保持控制的稀疏性，避免对干扰的过度修正和燃料浪费。考虑到欧洲航天局 PROBA - 3 交会仿真（RVX）的条件，在工业高保真模拟环境中验证了这些技术。

1.4　本书大纲

本书第 2 章涵盖了一般 MPC 理论，重点讨论线性系统模型的 MPC，这与本书的主题密切相关。本章先介绍了 MPC 的基本原理，在此基础上给出了 MPC 的优化问题描述，并介绍了一些具体技术，如参考跟踪和不同代价函数的使用。本章还给出了几个仿真，通过仿真结果分析了不同代价函数和控制器参数选择对预测性能的影响，以及优化问题的求解时间。

第 3 章介绍两颗卫星之间的相对轨道动力学，这对理解交会任务的设计至关重要。推导了相对动力学的线性化模型，这些模型将用于下一章的 MPC。本章还展示了圆轨道和椭圆轨道情况下两颗卫星之间非直观的自由漂移运动和推力机动下，相对运动的若干仿真结果。

最后，第 4 章主要介绍 MPC 框架应用于交会问题。本书从考虑最简单的方法开始，逐步向理想的公式发展。接着，进一步考虑了存在扰动的情形，并对鲁棒MPC 交会技术进行了综述。

参 考 文 献①

［1］ W. Fehse, *Automated Rendezvous and Docking of Spacecraft* (Cambridge University Press, 2003). ISBN: 0521824923.

［2］ J. Rawlings, D. Mayne, M. Diehl, *Model Predictive Control: Theory, Computation, and Design,* 2nd edn (Nob Hill Publishing, 2017).

［3］ P. Bodin, R. Noteborn, R. Larsson, C. Chasset, System test results from the GNC experiments on the PRISMA in‐orbit test bed. Acta Astronaut. 68, 862 – 872 (2011). ISSN: 0094 – 5765.

［4］ J. Han, Y. Hu, S. Dian, The state‐of‐the‐art of model predictive control in recent years. IOP Conf. Ser.: Mater. Sci. Eng. 428, 012035 (2018).

［5］ E. N. Hartley, A tutorial on model predictive control for spacecraft rendezvous in *2015 European Control Conference (ECC)*, July 2015 (2015), pp. 1355 – 1361.

［6］ C. V. Rao, S. J. Wright, J. B. Rawlings, Application of interior‐point methods to model predictive control. J. Optim. Theory Appl. 99, 723 – 757 (1998).

［7］ A. Domahidi, A. U. Zgraggen, M. N. Zeilinger, M. Morari, C. N. Jones, Efficient interior point methods for multistage problems arising in receding horizon control, in *2012 IEEE 51st IEEE Conference on Decision and Control (CDC)* (2012), pp. 668 – 674.

［8］ D. Liao‐McPherson, M. Huang, I. Kolmanovsky, A regularized and smoothed Fischer‐Burmeister method for quadratic programming with applications to model predictive control. IEEE Trans. Autom. Control (2018).

［9］ A. Bemporad, M. Morari, V. Dua, E. N. Pistikopoulos, The explicit linear quadratic regulator for constrained systems. Automatica 38, 3 – 20 (2002).

［10］ A. Alessio, A. Bemporad, *Nonlinear Model Predictive Control* (Springer, Berlin, 2009), pp. 345 – 369.

［11］ E. Camponogara, D. Jia, B. H. Krogh, S. Talukdar, Distributed model predictive control. IEEE Control Syst. Mag. 22, 44 – 52 (2002).

---

① 本书参考文献按原版书排印。——编辑注

[12] A. N. Venkat, I. A. Hiskens, J. B. Rawlings, S. J. Wright, Distributed MPC strategies with application to power system automatic generation control. IEEE Trans. Control Syst. Technol. 16, 1192 – 1206 (2008).

[13] E. Camacho, D. Ramirez, D. Limon, D. Muñoz de la Peña, T. Alamo, Model predictive control techniques for hybrid systems. Annu. Rev. Control 34, 21 – 31 (2010), http://www. sciencedirect. com/science/article/pii/S1367578810000040. ISSN: 1367 – 5788.

[14] V. Adetola, D. DeHaan, M. Guay, Adaptive model predictive control for constrained nonlinear systems. Syst. Control Lett. 58, 320 – 326 (2009), http://www. sciencedirect. com/science/article/pii/S0167691108002120. ISSN: 0167 – 6911.

[15] A. Mesbah, Stochastic model predictive control: an overview and perspectives for future research. IEEE Control Syst. Mag. 36, 30 – 44 (2016).

[16] A. Draeger, S. Engell, H. Ranke, Model predictive control using neural networks. IEEE Control Syst. Mag. 15, 61 – 66 (1995).

[17] W. E. Wiesel, *Spaceflight Dynamics*, 3rd edn (Aphelion Press, 2010).

[18] G. W. Hill, Researches in the lunar theory. Am. J. Math. 1, 5 – 26. (1878). ISSN: 00029327, 10806377.

[19] W. H. Clohessy, R. S. Wiltshire, Terminal guidance system for satellite rendezvous. J. Aerosp. Sci. 27, 653 – 658 (1960).

[20] J. P. De Vries, Elliptic elements in terms of small increments of position and velocity components. AIAA J. 1, 2626 – 2629 (1963).

[21] J. Tschauner, P. Hempel, Rendezvous with a target in an elliptical orbit. Astronaut. Acta 11, 104 – 109 (1965).

[22] T. E. Carter, State transition matrices for terminal rendezvous studies: brief survey and new example. J. Guid. Control Dyn. 21, 148 – 155 (1998).

[23] K. Yamanaka, F. Ankersen, New state transition matrix for relative motion on an arbitrary elliptical orbit. J. Guid. Control Dyn. 25, 60 – 66 (2002).

[24] F. Ankersen, Guidance, navigation, control and relative dynamics for spacecraft proximity maneuvers. Ph. D. thesis, Institut for Elektroniske Systemer (2010). ISBN: 9788792328724.

［25］ S. A. Schweighart, R. J. Sedwick, High – fidelity linearized J model for satellite formation flight. J. Guid. Control Dyn. 25, 1073 – 1080 (2002).

［26］ R. Bevilacqua, M. Romano, Rendezvous maneuvers of multiple spacecraft using differential drag under J2 perturbation. J. Guid. Control Dyn. 31, 1595 – 1607 (2008).

［27］ C. Wei, S. – Y. Park, C. Park, Linearized dynamics model for relative motion under a J2 – perturbed elliptical reference orbit. Int. J. Non – Linear Mech. 55, 55 – 69 (2013).

［28］ L. Cao, H. Li, Linearized J2 and atmospheric drag model for control of inner – formation satellite system in elliptical orbits. J. Dyn. Syst. Meas. Control 138 (2016).

［29］ K. Alfriend, S. R. Vadali, P. Gurfil, J. How, L. Breger, *Spacecraft Formation Flying: Dynamics, Control and Navigation* (Elsevier, 2009).

［30］ H. Schaub, S. R. Vadali, J. L. Junkins, K. T. Alfriend, Spacecraft formation flying control using mean orbit elements. J. Astronaut. Sci. 48, 69 – 87 (2000).

［31］ K. Alfriend, Nonlinear considerations in satellite formation flying, in *AIAA/AAS Astrodynamics Specialist Conference and Exhibit* (2002), p. 4741.

［32］ D. – W. Gim, K. T. Alfriend, Satellite relative motion using differential equinoctial elements. Celest. Mech. Dyn. Astron. 92, 295 – 336 (2005).

［33］ L. Breger, J. P. How, Gauss's variational equation – based dynamics and control for formation flying spacecraft. J. Guid. Control Dyn. 30, 437 – 448 (2007).

［34］ S. D'Amico, Relative orbital elements as integration constants of Hill's equations. DLR, TN, 05 – 08 (2005).

［35］ O. Montenbruck, M. Kirschner, S. D'Amico, S. Bettadpur, E/I – vector separation for safe switching of the GRACE formation. Aerosp. Sci. Technol. 10, 628 – 635 (2006).

［36］ S. D'Amico, Autonomous formation flying in low earth orbit. Ph. D. thesis, TU Delft (2010).

［37］ A. W. Koenig, T. Guffanti, S. D'Amico, New state transition matrices for spacecraft relative motion in perturbed orbits. J. Guid. Control Dyn. 40, 1749 – 1768 (2017).

［38］ K. Alfriend, H. Yan, Evaluation and comparison of relative motion theories. J. Guid. Control Dyn. 28, 254 – 261 (2005).

［39］ J. Sullivan, S. Grimberg, S. D'Amico, Comprehensive survey and assessment of spacecraft relative motion dynamics models. J. Guid. Control Dyn. 40, 1837 – 1859 (2017).

［40］ F. Liu, S. Lu, Y. Sun, *Guidance and Control Technology of Spacecraft on Elliptical Orbits* (Springer, Berlin, 2019).

［41］ Y. Xie, C. Chen, T. Liu, M. Wang, *Guidance, Navigation, and Control for Spacecraft Rendezvous and Docking: Theory and Methods* (Springer, Berlin, 2021).

［42］ D. F. Lawden, Fundamentals of space navigation. J. Br. Interplanet. Soc. 13, 87 – 101 (1954).

［43］ T. N. Edelbaum, Optimal space trajectories. Technical report, ANALYTICAL MECHANICS ASSOCIATES INC JERICHO NY (1969).

［44］ J. – P. Marec, *Optimal Space Trajectories* (Elsevier, 1979). ISBN: 0 – 444 – 41812 – 1.

［45］ J. M. Longuski, J. J. Guzmán, J. E. Prussing, *Optimal Control with Aerospace Applications* (Springer, Berlin, 2014).

［46］ E. Trélat, *Contrôle Optimal: Thèorie & Applications* (Vuibert, Paris, 2005).

［47］ I. M. Ross, M. Karpenko, A review of pseudospectral optimal control: from theory to flight. Annu. Rev. Control 36, 182 – 197 (2012).

［48］ A. Richards, J. How, Performance evaluation of rendezvous using model predictive control, in *AIAA Guidance, Navigation, and Control Conference and Exhibit*, November 2003 (2003).

［49］ A. Bemporad, M. Morari, Control of systems integrating logic, dynamics, and constraints. Automatica 35, 407 – 427 (1999).

第2章　模型预测控制

模型预测控制（MPC）是一种基于迭代在线优化的控制设计方法[1]。该方法通过求解优化问题来获得控制策略，其中优化问题考虑了系统在有限时域内的未来状态，且通常采用离散系统模型。MPC 方法的示意图如图 2-1 所示。

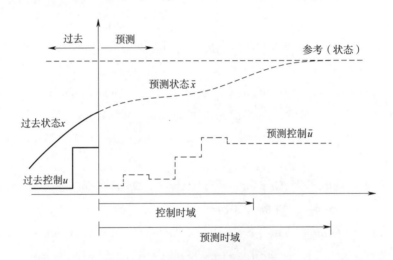

图 2-1　模型预测控制策略示意图

在每个时间步上，利用最新的状态测量值或状态估计值作为预测的初始条件对问题求解，从而获得预测时域内未来时间步的控制策略。进一步，将获得的控制序列中的第一个控制值应用于被控对象，然后在下一个时间步中再次求解这个优化问题，并且将预测时域向前移动。所以这种方法也被称为移动/滚动时域控制。

由于 MPC 是一个优化问题，因此它允许考虑控制和状态约束。显式包含约束的能力是 MPC 相较于其他控制方法的一大优势，因为它允许限制控制动作并对复杂的状态限制（如安全约束等）进行建模。此外，MPC 能够很自然地考虑系统动力学，并且适用于多变量系统。它还可以使用非线性系统模型，从而生成更准确的状态预测。

根据定义，MPC 要求在每个时间步上在线解一个优化问题。MPC 问题的计算时间取决于许多因素，例如，系统模型的阶数、线性性质、控制和状态约束的复杂性，以及预测时域的长度。最优控制动作必须在下一次采样之前计算并应用于被控对象，因此求解优化问题所需时间需要低于系统采样时间，这使得该方法不适用于对实时性有着极高要求的系统。尽管现代技术和方法使得 MPC 能够应用于越来越复杂的系统，例如，航空航天工业中的系统，但这一计算要求仍然是 MPC 的主要限制。

当前有关 MPC 研究的主要问题包括稳定性[2]和鲁棒性[1]。许多稳定性证明依赖于施加终端约束，并将其等价在无限时域或修改后的无限时域上，进而使用李雅普诺夫（Lyapunov）稳定性理论的证明方法。有关信息请参阅参考文献 ［1］ 的 2.1 节。在本章中，首先在 2.1 节介绍 MPC 理论的基本概念；然后在 2.2 节讨论 MPC 的不同方法，包括线性系统的 MPC；在 2.3 节简要介绍非线性系统的 MPC；在 2.4 节介绍一种常用的次优复杂度归约技术；在 2.5 节展示使用模拟自由空间中的惯性车辆的线性二维纯惯性系统进行的几个 MPC 仿真。

2.1　模型预测控制的数学描述

MPC 理论通常在离散时间下描述，本书也是如此。一个具有状态变量 x，输入 u 和输出 y 的离散时间系统，通常由如下差分方程描述

$$x^+ = f(x, u) \qquad (2-1)$$

其中，x^+ 为下一个时间步的系统状态，$f(x, u)$ 为系统模型，此外，该系统的输出方程可描述为

$$y = g(x, u) \qquad (2-2)$$

其中，$g(x, u)$ 为传感器模型。如果模型 f 和 g 是线性的，系统可以用线性状态空间模型描述

$$x^+ = Ax + Bu \qquad (2-3)$$

$$y = Cx + Du \qquad (2-4)$$

除了具有即时响应的系统外，D 通常为 0。关于离散时间系统和数字控制的文献，请参阅参考文献 ［3］。模型预测控制的基本思想是在每个采样时刻求解一个开环最优控制问题。例如，在 t 时刻优化问题可以描述为

$$\min_{\substack{\bar{u}_t, \cdots, \bar{u}_{t+N-1} \\ \bar{x}_t, \cdots, \bar{x}_{t+N}}} \sum_{i=0}^{N-1} l(\bar{x}_{t+i}, \bar{u}_{t+i}) + V_f(\bar{x}_{k+N}) \qquad (2-5a)$$

$$\text{s.t.} \quad \bar{x}_t = x_t \qquad (2-5b)$$

$$\bar{x}^+ = f(\bar{x}, \bar{u}) \tag{2-5c}$$

$$\bar{x}_k \in \mathscr{X}_k, \quad k = t, \cdots, t+N \tag{2-5d}$$

$$\bar{u}_k \in \mathscr{U}_k, \quad k = t, \cdots, t+N-1 \tag{2-5e}$$

其中，$\bar{x}$ 和 $\bar{u}$ 为 x 和 u 的预测；N 为预测时域的长度；$l(\cdot, \cdot)$ 和 $V_f(\cdot)$ 为瞬时代价函数，通常称为 Lagrangian/起始和 Mayer/终端项。代价函数的最小化受约束条件式（2-5b）~式（2-5e）的限制。式（2-5b）中的约束条件设置了预测的初始条件，而状态和控制预测受式（2-5c）中的系统模型的约束。式（2-5d）和式（2-5e）中的 $\mathscr{X}$ 和 $\mathscr{U}$ 表示对状态和控制变量的约束。求解此开环优化问题将得到一个最优控制序列 $\bar{u}^*$，但仅采用第一个控制值，即 $u_t = \bar{u}_t^*$。然后在下一个时间步 $t+1$ 用更新的状态测量/估计 x_{t+1} 再次求解此问题，该状态是上一步所采取控制的响应，从而形成闭环控制回路。有关更多 MPC 理论的文献，例如，闭环系统的稳定性，请参阅罗林斯（Rawlings）等[1]的著作。

2.2　线性模型预测控制

线性 MPC 指将 MPC 用于线性系统。对于线性系统，MPC 的形式如下

$$\min_{\substack{\bar{u}_0, \cdots, \bar{u}_{N-1} \\ \bar{x}_0, \cdots, \bar{x}_N}} \sum_{i=0}^{N-1} l(\bar{x}_i, \bar{u}_i) + V_f(\bar{x}_N) \tag{2-6a}$$

$$\text{s.t.} \quad \bar{x}_0 = x_0 \tag{2-6b}$$

$$\bar{x}_{k+1} = \boldsymbol{A}\bar{x}_k + \boldsymbol{B}\bar{u}_k, \quad k = 0, \cdots, N-1 \tag{2-6c}$$

$$\bar{x}_k \in \mathscr{X}_k, \quad k = 0, \cdots, N \tag{2-6d}$$

$$\bar{u}_k \in \mathscr{U}_k, \quad k = 0, \cdots, N-1 \tag{2-6e}$$

其中，约束条件式（2-6c）为系统的线性状态空间模型。由于该约束条件是线性的，与非线性系统相比，这个优化问题更容易快速求解。为了便于分析，上述公式中 t 设为 0。

MPC 优化问题常用的代价函数是二次型代价函数，其表达式如下

$$\begin{aligned} l(x, u) &= x^\top \boldsymbol{Q} x + u^\top \boldsymbol{R} u \\ V_f(x) &= x^\top \boldsymbol{Q}_f x \end{aligned} \tag{2-7}$$

其中，$\boldsymbol{Q}$ 和 $\boldsymbol{Q}_f$ 为半正定矩阵，而 $\boldsymbol{R}$ 为正定矩阵。这些加权矩阵用于调节代价函数中各项的权重。例如，通过增大 $\boldsymbol{R}$ 中的元素值，可以加强对控制量的约束，进而

限制控制器的输出。这种被称为"状态调节器"的控制器使状态收敛到原点。实践中经常选择代数黎卡提方程（Riccati equation）的解作为终端状态矩阵 $\boldsymbol{Q}_\mathrm{f}$ 的值，因为在某些情况下它保证了闭环稳定性[2]。

线性二次型 MPC 可采用矩阵形式进行表示，即将预测的状态和控制变量记为 X 和 U，可以得到以下矩阵方程

$$\underbrace{\begin{bmatrix} \bar{x}_0 \\ \bar{x}_1 \\ \vdots \\ \bar{x}_N \end{bmatrix}}_{X} = \underbrace{\begin{bmatrix} 0 & \cdots & \cdots & 0 \\ \boldsymbol{A} & \cdots & 0 & \vdots \\ \vdots & \ddots & & \vdots \\ 0 & \cdots & \boldsymbol{A} & 0 \end{bmatrix}}_{\tilde{A}} \underbrace{\begin{bmatrix} \bar{x}_0 \\ \bar{x}_1 \\ \vdots \\ \bar{x}_N \end{bmatrix}}_{X} + \underbrace{\begin{bmatrix} 0 & \cdots & 0 \\ \boldsymbol{B} & \cdots & 0 \\ \vdots & \ddots & \vdots \\ 0 & \cdots & \boldsymbol{B} \end{bmatrix}}_{\tilde{B}} \underbrace{\begin{bmatrix} \bar{u}_0 \\ \bar{u}_1 \\ \vdots \\ \bar{u}_{N-1} \end{bmatrix}}_{U} + \underbrace{\begin{bmatrix} I \\ 0 \\ \vdots \\ 0 \end{bmatrix}}_{E} x_t \quad (2-8)$$

其中，矩阵 $\tilde{\boldsymbol{A}}$ 和 $\tilde{\boldsymbol{B}}$ 为增广系统模型矩阵，矩阵 $\boldsymbol{E}$ 确保了预测的初始条件。定义如下增广加权矩阵

$$\tilde{\boldsymbol{Q}} = \begin{bmatrix} \boldsymbol{Q} & \cdots & 0 \\ \vdots & \ddots & \vdots \\ 0 & \cdots & \boldsymbol{Q}_\mathrm{f} \end{bmatrix}, \quad \tilde{\boldsymbol{R}} = \begin{bmatrix} \boldsymbol{R} & \cdots & 0 \\ \vdots & \ddots & \vdots \\ 0 & \cdots & \boldsymbol{R} \end{bmatrix} \quad (2-9)$$

这些增广加权矩阵可以通过原矩阵与单位矩阵作克罗内克（Kronecker）张量积来生成。根据式（2-8）和式（2-9），式（2-6）中的二次型优化问题可简化为

$$\min_{X,U} \quad X^\top \tilde{\boldsymbol{Q}} X + U^\top \tilde{\boldsymbol{R}} U \quad (2-10\mathrm{a})$$

$$\mathrm{s.t.} \quad X = \tilde{\boldsymbol{A}} X + \tilde{\boldsymbol{B}} U + \boldsymbol{E}x(t) \quad (2-10\mathrm{b})$$

$$X \in \tilde{\mathscr{X}} \quad (2-10\mathrm{c})$$

$$U \in \tilde{\mathscr{U}} \quad (2-10\mathrm{d})$$

其中，$\tilde{\mathscr{X}}$ 和 $\tilde{\mathscr{U}}$ 代表整个预测时域内的状态和控制约束集合。

有时候 MPC 问题显式依赖于系统输出而非状态是有显著优势的。在这种情况下，带有二次型代价函数的 MPC 输出形式为

$$\min_{\substack{\bar{u}_0,\cdots,\bar{u}_{N-1} \\ \bar{y}_0,\cdots,\bar{y}_N}} \quad \sum_{i=0}^{N-1} \bar{y}_i^\top \boldsymbol{Q}\bar{y}_i + \bar{u}_i^\top \boldsymbol{R}\bar{u}_i + \bar{y}_N^\top \boldsymbol{Q}_\mathrm{f}\bar{y}_N \quad (2-11\mathrm{a})$$

$$\mathrm{s.t.} \quad \bar{x}_0 = x_t \quad (2-11\mathrm{b})$$

$$\bar{x}_{k+1} = \boldsymbol{A}\bar{x}_k + \boldsymbol{B}\bar{u}_k, \quad k = 0,\cdots,N-1 \quad (2-11\mathrm{c})$$

$$\bar{y}_k = \boldsymbol{C} \bar{x}_k + \boldsymbol{D} \bar{u}_k \qquad (2-11\mathrm{d})$$

$$\bar{y}_k \in \mathscr{Y}_k, \quad k = 0, \cdots, N \qquad (2-11\mathrm{e})$$

$$\bar{x}_k \in \mathscr{X}_k, \quad k = 0, \cdots, N \qquad (2-11\mathrm{f})$$

$$\bar{u}_k \in \mathscr{U}_k, \quad k = 0, \cdots, N-1 \qquad (2-11\mathrm{g})$$

其中, $\bar{y}$ 表示预测输出, $\mathscr{Y}$ 表示满足输出约束的集合。上述优化问题包含式 (2-11d) 所示的系统输出方程, 且系统输出需满足式 (2-11e) 的约束条件。

2.2.1 参考点跟踪

为了使系统收敛到参考点 x_{ref} 而非原点, 需要对跟踪误差进行惩罚, 因此实时代价函数变为

$$
\begin{aligned}
l\,(x,\,u) &= (x - x_{\mathrm{ref}})^{\top} \boldsymbol{Q}\,(x - x_{\mathrm{ref}}) + u^{\top} \boldsymbol{R} u \\
V_{\mathrm{f}}\,(x) &= (x - x_{\mathrm{ref}})^{\top} \boldsymbol{Q}_{\mathrm{f}}\,(x - x_{\mathrm{ref}})
\end{aligned} \qquad (2-12)
$$

然而对于无积分环节的系统, 当 x_{ref} 不为原点时, 最优解不会在 $x = x_{\mathrm{ref}}$ 处。对于这些系统, 将状态保持在原点以外需要一个恒定的非零控制, 这将对代价函数以及 x 与 x_{ref} 的距离产生影响。因此, 这种形式在没有积分作用的系统中会出现静态误差。为了实现这种系统的无静态误差参考跟踪, 必须添加一个参考控制量 u_{ref}

$$l\,(x,\,u) = (x - x_{\mathrm{ref}})^{\top} \boldsymbol{Q}\,(x - x_{\mathrm{ref}}) + (u - u_{\mathrm{ref}})^{\top} \boldsymbol{R}\,(u - u_{\mathrm{ref}}) \qquad (2-13)$$

其中, u_{ref} 为在稳态下使状态等于参考值的控制量, 只要 $\boldsymbol{B}$ 存在逆矩阵就可以从系统模型中得到 u_{ref}

$$u_{\mathrm{ref}} = \boldsymbol{B}^{-1}(\boldsymbol{I} - \boldsymbol{A})\,x_{\mathrm{ref}} \qquad (2-14)$$

需要强调的是, 状态参考点 x_{ref} 不能随意选取, 因为有些状态无法保持稳定。例如, 车辆无法在具有非零速度的情况下保持同一位置。要检查系统状态是否可以在稳态下跟踪参考状态 x_{ref}, 可以将式 (2-14) 中的控制量代入到系统模型中; 如果下一个时间步的状态不等于参考值, 则它在稳态下是不能被跟踪的。对于具有积分环节的系统, u_{ref} 在容许状态下为零。

参考跟踪公式可描述为

$$\min_{X, U} \quad (X - X_{\mathrm{ref}})^{\top} \tilde{\boldsymbol{Q}}\,(X - X_{\mathrm{ref}}) + (U - U_{\mathrm{ref}})^{\top} \tilde{\boldsymbol{R}}\,(U - U_{\mathrm{ref}}) \qquad (2-15\mathrm{a})$$

$$\mathrm{s.t.} \quad X = \tilde{\boldsymbol{A}} X + \tilde{\boldsymbol{B}} U + \boldsymbol{E} x(t) \qquad (2-15\mathrm{b})$$

$$U \in \tilde{\mathscr{U}} \qquad (2-15\mathrm{c})$$

$$X \in \tilde{\mathscr{X}} \qquad (2-15\mathrm{d})$$

其中，$X_{ref} = [x_{ref}^\top, \cdots, x_{ref}^\top]^\top$ 和 $U_{ref} = [u_{ref}^\top, \cdots, u_{ref}^\top]^\top$。因为在式（2-14）中控制参考值是根据系统模型确定的，所以只有在模型精确的情况下才能完全消除静态误差。

实现无静态误差参考跟踪的另一种方法是引入积分环节到控制器中。这可以仅通过惩罚采样之间的控制增量 Δu，而不是完整的控制行为 u 来实现。因此在稳态下，控制动作将保持恒定，增量 Δu 将为零，从而消除了静态误差。优化问题则变为

$$\min_{\substack{\bar{u}_0, \cdots, \bar{u}_{N-1} \\ \Delta\bar{u}_0, \cdots, \Delta\bar{u}_{N-1} \\ \bar{x}_0, \cdots, \bar{x}_N}} \left[\sum_{i=0}^{N-1} (\bar{x}_i - x_{ref})^\top \boldsymbol{Q} (\bar{x}_i - x_{ref}) + \Delta\bar{u}_i^\top \boldsymbol{R}\Delta\bar{u}_i \right] + \tag{2-16a}$$

$$(\bar{x}_N - x_{ref})^\top \boldsymbol{Q}_f (\bar{x}_N - x_{ref})$$

$$\text{s. t.} \qquad \bar{x}_0 = x_t \tag{2-16b}$$

$$\bar{x}_{k+1} = \boldsymbol{A}\bar{x}_k + \boldsymbol{B}\bar{u}_k, \quad k = 0, \cdots, N-1 \tag{2-16c}$$

$$\bar{u}_0 = u_{t-1} + \Delta\bar{u}_0 \tag{2-16d}$$

$$\bar{u}_k = \bar{u}_{k-1} + \Delta\bar{u}_k, \quad k = 1, \cdots, N-1 \tag{2-16e}$$

$$\bar{x}_k \in \mathscr{X}_k, \quad k = 0, \cdots, N \tag{2-16f}$$

$$\bar{u}_k \in \mathscr{U}_k, \quad k = 0, \cdots, N-1 \tag{2-16g}$$

$$\Delta\bar{u}_k \in \Delta\mathscr{U}_k, \quad k = 0, \cdots, N-1 \tag{2-16h}$$

模型的离散状态空间方程（2-16c）仍然使用完整的控制 $\bar{u}$，其由控制增量 $\Delta\bar{u}$ 和上一时刻的 $\bar{u}$（在式（2-16e）中描述）所确定。在约束条件式（2-16d）中，$\bar{u}$ 的初始条件根据上一步控制 u_{t-1} 来确定。需要注意的是，如果存在干扰导致上一步控制动作 u_{t-1} 部分未知，则可能会引入一些静态误差。此外，这种控制形式不一定是理想的，因为它不对恒定的控制动作进行惩罚，无法适用于能量/燃料受限制的系统。参考文献［4］提供了引入积分环节的其他控制方法。跟踪参考状态的另一种方法是使用终端约束，作为优化的硬约束

$$\bar{x}_N = x_{ref} \tag{2-17}$$

由于 MPC 采用滚动时域，该约束并不能确保系统会在第 N 个采样点到达参考值，甚至可能根本无法到达，因为每步只有首个最优控制动作被采用，且时域向前滚动。因此，随着时域 N 的增加，系统的稳态将远离参考值。为了解决这一问题，状态加权矩阵 $\boldsymbol{Q}$ 和 $\boldsymbol{Q}_f$ 可以设置为零矩阵，这样具有积分环节的系统就可以收敛到状态参考值，尽管不一定在 N 个采样点内收敛到参考点。对于没有积分环节的系统，可以使用式（2-15）和式（2-16）中带有终端约束的控制策略，采取

终端约束的优势是可以确保系统的稳定性。

终端约束也可以通过在每个采样时间点缩小预测时域来确保系统在 N 个采样点内到达参考值，这不再属于滚动时域优化。但如果预测时域过短，优化问题可能变得不可行，因为根据系统动力学、干扰以及控制和状态约束，系统可能无法在 N 个采样点内从初始状态到达参考值。这种策略将在第 4 章中用于交会的 MPC 控制器中。

2.2.2　状态替换

在 MPC 问题中，任意时间的状态都可以根据初始条件和到达该时间点的控制序列进行预测。这一结构可以用来消除状态作为优化变量，从而消除与预测模型相关的约束，大大简化了问题，使其无论是通过解析方法还是数值优化方法都能够快速求解。需要注意的是，专门针对 MPC 的数值优化算法可以利用其结构，因此通常不会采用状态替换的方法。

给出在 2.2 节中定义的矩阵形式的预测模型

$$X = \tilde{A} X + \tilde{B} U + E x(t) \qquad (2-18)$$

其中，X 和 U 为预测时域上的状态和控制变量的矢量形式，矩阵 $\tilde{A}$、$\tilde{B}$ 和 E 为式 (2-8) 所定义的增广状态矩阵。这个模型可以重写为

$$X = \underbrace{(I - \tilde{A})^{-1} \tilde{B}}_{F} U + \underbrace{(I - \tilde{A})^{-1} E}_{K} x(t) \qquad (2-19)$$

由于矩阵 $\tilde{A}$ 为下三角形矩阵，矩阵 $(I - \tilde{A})$ 的行列式为 1，因此该矩阵始终为可逆阵。需要指出的是，对于预测时域很长的情况，计算矩阵 F 和 K 的逆矩阵可能会带来很大的计算负担。

二次型代价函数（原文 2.2.2.1）

例如，将式 (2-19) 代入式 (2-15) 可得

$$\min_{U} \begin{array}{l} (FU + Kx(t) - X_{\text{ref}})^{\top} \tilde{Q} (FU + Kx(t) - X_{\text{ref}}) + \\ (U - U_{\text{ref}})^{\top} \tilde{R} (U - U_{\text{ref}}) \end{array} \qquad (2-20a)$$

$$\text{s.t.} \quad FU + Kx(t) \in \tilde{\mathscr{X}} \qquad (2-20b)$$

$$U \in \tilde{\mathscr{U}} \qquad (2-20c)$$

化简并去掉与 U 无关的项后，代价函数变为

$$V(U) = \frac{1}{2} U^{\top} H U + \underbrace{(Jx(t) - LX_{\text{ref}} - \tilde{R}^{\top} U_{\text{ref}})^{\top}}_{f} U \qquad (2-21)$$

其中

$$H = F^\top \tilde{Q} F + \tilde{R}$$

$$J = F^\top \tilde{Q}^\top K \qquad\qquad (2-22)$$

$$L = F^\top \tilde{Q}^\top$$

请注意，通过这种替换，状态已被看作是一个优化变量，与预测模型相关的约束也被消除了。但此时状态不再直接可测，并且状态约束必须根据控制变量和初始条件进行计算，如式（2-20b）所示。

2.2.3　l_1 - 范数代价函数

尽管二次型代价函数更为常见，但在 MPC 代价函数中，也可以使用 l_1 - 范数（注意，二次型代价函数是 l_2 - 范数的平方）。将矢量 w 的 l_1 - 范数定义为 $\| w \|_1$，则 l_1 - 范数代价函数可以表示为

$$l\ (x,\ u)\ =\ \| Q\ (x-x_{\mathrm{ref}})\ \|_1 + \| Ru \|_1$$
$$V_{\mathrm{f}}\ (x)\ =\ \| Q_{\mathrm{f}}\ (x-x_{\mathrm{ref}})\ \|_1 \qquad (2-23)$$

这种代价函数会产生稀疏性，即控制器变为 bang - bang 形式，意味着执行器要么完全打开，要么关闭。此优化问题的矩阵表达形式为

$$\min_{X,U}\quad \| \tilde{Q}\ (X-X_{\mathrm{ref}})\ \|_1 + \| \tilde{R} U \|_1 \qquad (2-24a)$$

$$\mathrm{s.t.}\quad X = \tilde{A} X + \tilde{B} U + \tilde{E} x(t) \qquad (2-24b)$$

$$X \in \tilde{\mathscr{X}} \qquad\qquad (2-24c)$$

$$U \in \tilde{\mathscr{U}} \qquad\qquad (2-24d)$$

l_1 - 范数的缺点是代价函数在原点处不再可微，因此优化算法需要使用非平滑方法，例如，次梯度和近端算子等[5]。

2.2.4　LASSO 代价函数

另一种代价函数是将 l_1 - 范数控制代价函数添加到二次型代价函数中，称作 LASSO（least absolute shrinkage and selection operator,[①] 最小绝对收缩和选择算子）代价函数，常用于回归分析。其目的是在保持二次型代价函数鲁棒性的同时，通过 l_1 - 范数增加一些稀疏性。LASSO 代价函数可用矩阵形式表示为

---

① 此处英文全称是译者补加的，以便于读者阅读。——编辑注

$$V\ (X,\ U)\ =\ (X-X_{\text{ref}})^{\top}\ \tilde{Q}\ (X-X_{\text{ref}})\ +U^{\top}\ \tilde{R}\ U+\parallel \tilde{R}_{\lambda} U\parallel_1 \qquad (2-25)$$

其中，$\tilde{R}_{\lambda}$ 为与 l_1 – 范数项相关的控制加权矩阵。该代价函数的一个变体是将 $\tilde{R}$ 设定为零，变成类似于第 2.2.3 节中的形式，但是状态变量存在二次型代价函数，因此在跟踪参考值方面减少了稀疏性。

2.3 非线性模型预测控制

非线性模型预测控制（nonlinear model predictive control，NMPC）是对具有非线性模型的系统进行控制的方法。大多数实际系统都是非线性的，由于这些系统在整个可行域内可能无法准确地用线性化模型来近似，因此线性模型预测方法难以适用。NMPC 允许使用非线性预测模型，这样可以产生更好的状态预测结果，从而实现更有效的控制，并使系统更接近可行域的边界[6]。另一方面，NMPC 需要求解具有非线性和非凸约束的优化问题，因此计算成本更高。

具有二次型代价函数的 NMPC 的数学描述

$$\min_{\substack{\bar{u}_0,\cdots,\bar{u}_{N-1} \\ \bar{x}_0,\cdots,\bar{x}_N}} \quad \sum_{i=0}^{N-1} \bar{x}_i^{\top} Q \bar{x}_i + \bar{u}_i^{\top} R \bar{u}_i + \bar{x}_N^{\top} Q_{\text{f}} \bar{x}_N \qquad (2-26a)$$

$$\text{s. t.} \quad \bar{x}_0 = x_t \qquad (2-26b)$$

$$\bar{x}_{k+1} = f\ (\bar{x}_k,\bar{u}_k),\quad k = 0,\cdots,N-1 \qquad (2-26c)$$

$$\bar{x}_k \in \mathscr{X}_k,\quad k = 0,\cdots,N \qquad (2-26d)$$

$$\bar{u}_k \in \mathscr{U}_k,\quad k = 0,\cdots,N-1 \qquad (2-26e)$$

其中，约束项式（2-26c）是非线性的。

关于 NMPC 理论与应用的参考资料，请参阅参考文献 ［6］ 和 ［7］。

2.4 优化截断①

优化截断是一种有效降低优化问题计算复杂度的方法，其主要思想是减少控制决策的数量。然而，由于缩短预测时域会降低控制器的性能，因此引入了一个

---

① 经过对现有文献查阅，译者发现 "move blocking" 这一表述存在 "移动分块" 和 "移动闭塞" 等翻译，同样有文献将 "blocking" 翻译为 "分块化"。因此，现有文献并未对 "move blocking" 进行正式或通用命名。根据译者的理解，在本书中对 "move blocking" 统一译为 "优化截断"，意指构建优化问题中的控制域小于预测域。具体来说，对于一个预测步长为 N_{p} 的优化问题，在优化控制序列时，只优化 N_{p} 步，其中 N_{c} 小于 N_{p}，而余下的 $N_{\text{p}}-N_{\text{c}}$ 步控制序列采用第 N_{c} 步控制动作。——译者注

控制时域 N_u，使得超出此时域范围的控制动作都等于时间 $k = N_u - 1$ 时的最后一个控制动作，如图 2 - 1 所示，从而减少了优化变量的个数。控制时域必须小于等于预测时域 N。移动分块的表达式如下所示

$$\min_{\substack{\bar{u}_0, \cdots, \bar{u}_{N_u-1} \\ \bar{x}_0, \cdots, \bar{x}_N}} \sum_{i=0}^{N_u-1} l_1\left(\bar{x}_i, \bar{u}_i\right) + \sum_{j=N_u}^{N-1} l_2\left(\bar{x}_j, u_{N_u-1}\right) + V_f\left(\bar{x}_N\right) \qquad (2-27\text{a})$$

$$\text{s.t.} \quad \bar{x}_0 = x_t \qquad\qquad\qquad\qquad\qquad\qquad\qquad (2-27\text{b})$$

$$\bar{x}_{k+1} = f\left(\bar{x}_k, \bar{u}_k\right), \quad k = 0, \cdots, N_u - 1 \qquad (2-27\text{c})$$

$$\bar{x}_{k+1} = f\left(\bar{x}_k, \bar{u}_{N_u-1}\right), \quad k = N_u, \cdots, N - 1 \qquad (2-27\text{d})$$

$$\bar{x}_k \in \mathscr{X}_k, \quad k = 0, \cdots, N \qquad\qquad\qquad (2-27\text{e})$$

$$\bar{u}_k \in \mathscr{U}_k, \quad k = 0, \cdots, N - 1 \qquad\qquad (2-27\text{f})$$

由于减少了控制决策的数量，这种降低复杂性方法是次优的。

2.5　仿真和结果

本节主要介绍一个简单线性系统的 MPC 仿真。展示了采用不同代价函数及调整参数（如预测时域和权重矩阵）的效果，其中考虑了线性和非线性约束。这些仿真的目的不是获得该系统的最优预测控制器，而是展示 MPC 的能力和局限性。本节仿真不考虑干扰，且仿真是在一台配置有第四代 2.4 GHz Intel - i7 处理器的计算机上实现的。

在没有不等式约束的情况下，MPC 问题通过解析方法求解较为简单，采用 l_1 - 范数代价函数的情况除外。否则，将使用数值优化算法来求解最优控制问题。对于具有二次型代价函数、线性模型和线性约束的问题，最优控制问题是一个凸二次规划（quadratic program，QP），可以使用内点算法[8]来求解。对于具有非线性模型或非线性约束的问题，则问题变为一个非线性规划（nonlinear program，NLP），可以使用序列二次规划（sequential quadratic programming，SQP）算法[8]来求解。

为了更快地求解每个数值优化问题，可以将一次 MPC 迭代的解作为下一次迭代的初值，这种方法称为热启动。此外，本书采用了状态转换法（在 2.2.2 节中介绍），以减少优化变量的数量，降低计算复杂度，减少计算时间。但需要注意的是，一些优化算法处理大规模稀疏问题的性能可能比处理小型密集优化问题的性能更好。另外，一些专门针对 MPC 的优化算法利用了 MPC 问题结构，并没有采用状态替换方法，如参考文献 [9]。

尽管后续仿真中给出了求解 MPC 问题的平均计算时间，但这些时间可能并不真正代表实际应用的时间，因为仿真通常是在编译型语言中进行的。

二维纯惯性系统（原文 2.5.1）

为了进行线性 MPC 仿真，考虑一个二维纯惯性系统。该系统由两个双积分器描述，其离散状态空间模型（采用零阶保持器 zero – order hold，ZOH 采样）为

$$x_{k+1} = \underbrace{\begin{bmatrix} 1 & T_s & 0 & 0 \\ 0 & 1 & 0 & 0 \\ 0 & 0 & 1 & T_s \\ 0 & 0 & 0 & 1 \end{bmatrix}}_{A} x_k + \underbrace{\begin{bmatrix} T_s^2 & 0 \\ T_s & 0 \\ 0 & T_s^2 \\ 0 & T_s \end{bmatrix}}_{B} u_k \qquad (2-28)$$

其中，T_s 为采样周期。在这些仿真中，不考虑输出模型，因为状态完全可测。状态变量 x_1 和 x_3 分别为系统在 x 轴和 y 轴上的位置，状态 x_2 和 x_4 为对应的速度。系统有两个输入，能在任意方向自由移动（全向运动）。此外，在接下来的仿真中，采样周期设置为 $T_s = 0.1\text{s}$。

（1）无约束问题（原文 2.5.1.1）

首先不考虑任何状态或控制约束，并使用二次型代价函数。表 2-1 给出了每次仿真中使用的控制器参数以及求解优化问题的平均时间（解析方法）。

表 2-1　无约束 MPC 仿真的控制器参数和计算时间

图	N	R	Q	Q_f	$t_{av}/\mu\text{s}$
2-2	10	I_4	I_4	I_4	50
2-3	10	$5I_4$	I_4	I_4	48
2-4	20	$5I_4$	I_4	I_4	71

在第一个仿真中，系统从原点开始运动，初始速度为零，参考状态位于坐标（1，2）处，速度也为零。设置采样点个数为 $N = 10$，采样周期为 0.1s，则预测时域为 1s。此外，所有二次型加权矩阵都设为单位矩阵。仿真结果如图 2-2 所示，其中，系统在二维空间下的运动轨迹如图 2-2（a）所示；系统状态（上方）和控制变量（下方）的变化曲线如图 2-2（b）所示。请注意，图中每个方向的位置和速度矢量采用了不同的比例绘制。从仿真结果，可以看出系统沿直线朝着参考点前进，在 y 轴上的参考值更远，因此需要更多的控制动作来实现。此外，由于零阶保持器的离散化，每个时间样本中的控制量是恒定的。

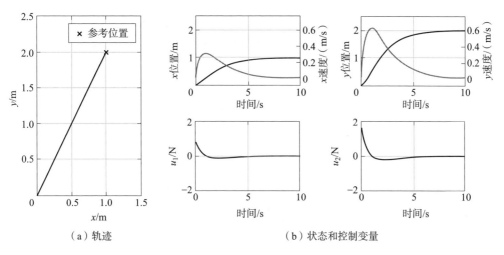

（a）轨迹　　　　　　　　（b）状态和控制变量

图 2 - 2　无约束纯惯性系统的控制

在下一个仿真中，增加了代价函数中控制的权重。可以从图 2 - 3 中观察到与图 2 - 2 中的结果相比，在当前工况下，控制变量的值减小，从而导致系统产生了超调，并且收敛所需的时间更长。这是因为控制动作在代价函数中的权重增加了，因此代价函数想要取得极小值会导致控制动作更少，而跟踪误差增大。另一方面，相对于 $\boldsymbol{R}$，加权矩阵 $\boldsymbol{Q}$ 和 $\boldsymbol{Q}_{\mathrm{f}}$ 的值增大会导致更积极的控制动作，从而更好地跟踪参考值。由此可知，加权矩阵可以用来调节控制系统的能量消耗及其收敛速度之间的权衡关系。

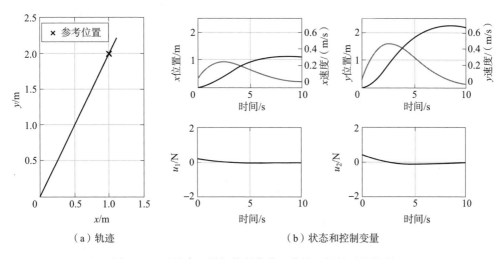

（a）轨迹　　　　　　　　（b）状态和控制变量

图 2 - 3　无约束且增加控制代价函数的纯惯性系统控制

最后，通过预测时域加倍得到图 2-4 中的仿真结果。可以发现在当前工况下，控制动作更积极，参考跟踪更好且没有超调，这与减小控制代价函数的效果相同。实际上，在没有任何约束的情况下，改变预测时域的效果与调节加权矩阵类似。但预测时域也会影响系统的稳定性[2]，如果预测时域太短，闭环系统可能会变得不稳定。随着预测时域 N 的增加，状态被预测和优化的时间延长，从而提高了系统的稳定性。在极限情况下，如果开环系统是可稳定的，无限的预测时域可以确保一个渐近稳定的闭环系统[1]。此外，从表 2-1 可以看出，随着预测时域的增加，计算时间也在增加，结果符合预期。

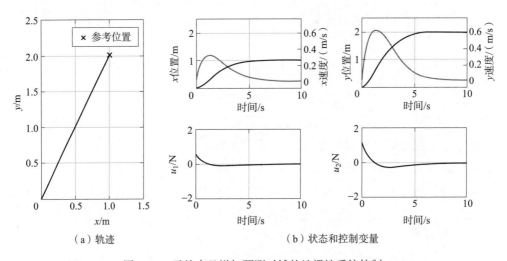

（a）轨迹　　　　　　　（b）状态和控制变量

图 2-4　无约束且增加预测时域的纯惯性系统控制

另一个需要考虑的重要因素是，增加 N 也会增加优化变量的数量，从而增加求解优化问题的计算时间。正如表 2-1 所示，三种工况下的优化问题求解都非常高效，这是因为没有考虑系统的约束。然而，在存在不等式约束的情况下，则需要使用数值优化算法。

（2）控制与状态约束（原文 2.5.1.2）

针对控制量存在 $\pm 1N$ 的上下界约束的 MPC 问题，通过仿真得到如图 2-5 所示的结果，其中使用的控制器参数和所需的计算时间见表 2-2。可以发现系统向参考值不对称地收敛，因为直线轨迹需要更多来自 u_2 的控制动作，并且两个控制变量在开始时都处于饱和状态。

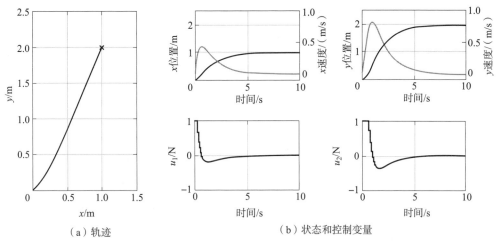

（a）轨迹　　　　　　　　　　　（b）状态和控制变量

图 2 – 5　带有控制约束的纯惯性系统控制

表 2 – 2　有约束 MPC 仿真的控制器参数和计算时间

图	N	$\boldsymbol{R}$	$\boldsymbol{Q}$	$\boldsymbol{Q}_f$	约束	t_{av}/ms
2 – 5	10	$\boldsymbol{I}_4$	$10\boldsymbol{I}_4$	$10\boldsymbol{I}_4$	控制边界	1.5
2 – 6	10	$\boldsymbol{I}_4$	$10\boldsymbol{I}_4$	$10\boldsymbol{I}_4$	控制边界， 圆形障碍物	18
2 – 7	20	$\boldsymbol{I}_4$	$10\boldsymbol{I}_4$	$10\boldsymbol{I}_4$	控制边界， 圆形障碍物	41
2 – 8	10	$\boldsymbol{I}_4$	$10\boldsymbol{I}_4$	$10\boldsymbol{I}_4$	控制边界， 4 个圆形障碍物	26
2 – 9	10	$\boldsymbol{I}_4$	$10\boldsymbol{I}_4$	$10\boldsymbol{I}_4$	控制边界， 方形障碍物	21

　　进一步考虑避障约束，用于约束位置状态变量。如图 2 – 6 所示，航天器绕过障碍物，但由于障碍物被建模为单点物体，它会靠近障碍物并沿着其边界行驶，因为这是满足约束的最高效轨迹。还可以观察到，航天器最初朝向目标的运动轨迹与图 2 – 5 中的类似。当预测时域到达障碍物的，系统开始偏离原轨迹。

　　具体参数如表 2 – 2 第 4 行所示，得到的结果如图 2 – 7 所示。可以观察到系统现在更早地改变了轨迹以避开障碍物，因为障碍物更早地被检测到。此外，控制序列现在更加平滑，沿途的修正次数减少，因为控制器对轨迹有更好的预测与规划。

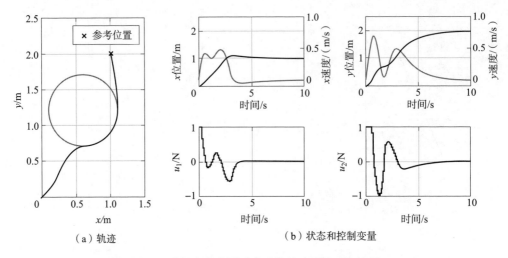

（a）轨迹　　　　　　　　　　　（b）状态和控制变量

图2-6　具有单个圆形障碍物的纯惯性系统控制

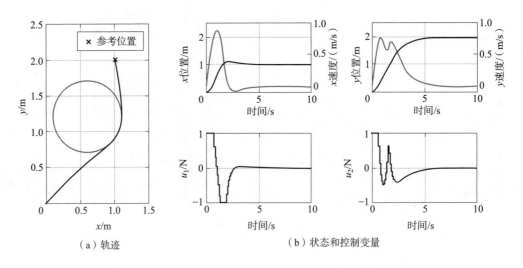

（a）轨迹　　　　　　　　　　　（b）状态和控制变量

图2-7　具有单个圆形障碍物并增加预测时域的纯惯性系统控制

　　在单个障碍物的基础上，进一步考虑存在多个圆形障碍物的情况，仿真参数见表2-2第5行。通过仿真得到了图2-8中的结果。需要注意的是，避障约束是非凸的，这意味着优化问题可能存在多个局部最小值，算法可能会收敛到这些局部最小值，这取决于初始点。例如，任何使轨迹绕过障碍物的不同一侧都是局部最小值。虽然图2-8中的轨迹仅在特定代价函数下为全局最小值。这个特定的优化方案需要进行多次方向修正来避开障碍物，因此对于某些代价函数加权，全局最小值是绕过所有障碍物。全局优化非凸问题通常通过使用不同的初始状态多次求解问题来得到全局最优解，但无法实时运行。

图 2-9 展示了一个具有两个方形障碍物的仿真结果，可以观察到轨迹穿过障碍物的角落。这是由于障碍物约束描述形式的局限性，因为仅对离散点进行了约束，而不是整个连续轨迹。系统检查其轨迹的离散位置时，发现确实满足了约束。降低这种局限性影响的方法是减小采样周期或在临近障碍物约束时增加中间采样点，也可以通过半正定规划在连续时间上对状态进行约束[10]。

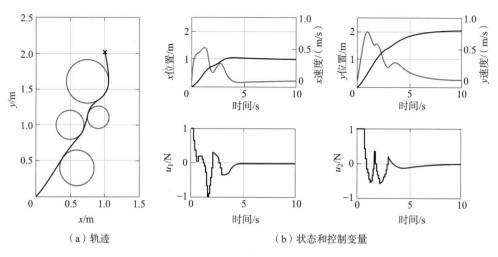

（a）轨迹　　　　　　　　（b）状态和控制变量

图 2-8　有多个圆形障碍物的纯惯性系统控制

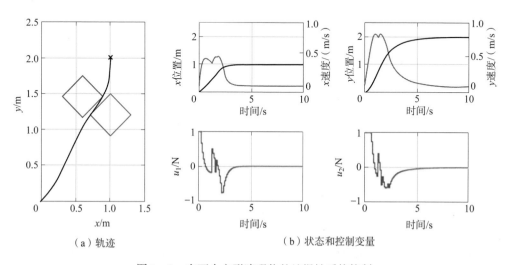

（a）轨迹　　　　　　　　（b）状态和控制变量

图 2-9　有两个方形障碍物的纯惯性系统控制

（3）l_1 – 范数代价函数（原文 2.5.1.3）

考虑在无约束条件下采用 l_1 – 范数作为代价函数，可得图 2 – 10 中所示仿真结果，相应的控制器参数如表 2 –3 所示。由于 l_1 – 范数的稀疏性，必须减小速度状态对应的代价，否则速度产生的代价会在总代价函数中占据过大比重，导致控制器不产生任何动作。可以看出，执行器仅在一个采样周期中输出常值控制，然后关闭，因此对应速度为常值。当系统接近参考点时速度被迅速减小到 0，因此控制是 bang – bang 的。

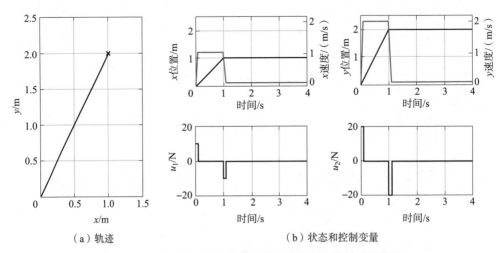

（a）轨迹   （b）状态和控制变量

图 2 – 10   采用 l_1 – 范数代价函数的无约束纯惯性系统控制

表 2 –3   采用 l_1 – 范数代价函数的 MPC 仿真的控制器参数和计算时间

图	N	R	Q	Q_f	约束	t_{av}/ms
2 – 10	10	I_4	10diag(1, 0, 1, 0)	100diag(1, 0, 1, 0)	无	179
2 – 11	10	I_4	10diag(1, 0, 1, 0)	100diag(1, 0, 1, 0)	控制边界	281

在上述工况的基础上，加入控制边界约束，得到如图 2 – 11 所示的结果。可以发现由于控制饱和，加速和减速不只在一个采样周期中进行，因此系统以不对称的方式收敛到参考值。

（4）LASSO 代价函数（原文 2.5.1.4）

图 2 – 12 展示了使用 LASSO 代价函数的优化结果，对应控制器参数如表 2 – 4 所示。在开始时，控制是稀疏的，仿真结果与采用 l_1 – 范数代价函数得到的结果类似，然后控制动作更加活跃，类似于使用二次型代价函数获得的控制。

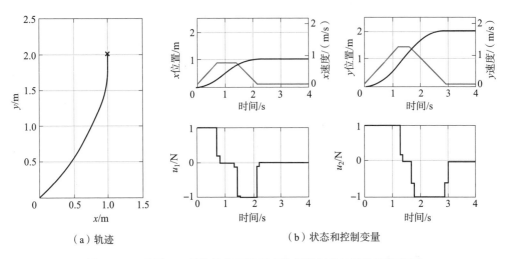

（a）轨迹　　　　　　　　　　（b）状态和控制变量

图 2 – 11　采用 l_1 – 范数代价函数且有控制限制的纯惯性系统控制

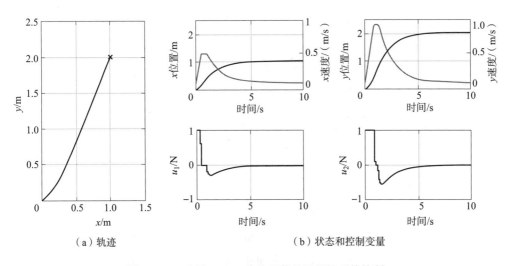

（a）轨迹　　　　　　　　　　（b）状态和控制变量

图 2 – 12　采用 LASSO 代价函数的纯惯性系统控制

表 2 – 4　采用 LASSO 范数代价函数的 MPC 仿真的控制器参数和计算时间

图	N	$\boldsymbol{R}$	$\boldsymbol{R}_{\Delta}$	$\boldsymbol{Q}$	$\boldsymbol{Q}_{\mathrm{f}}$	约束	$t_{\mathrm{av}}/\mathrm{ms}$
2 – 12	10	$\boldsymbol{I}_4$	$\boldsymbol{I}_4$	$50\boldsymbol{I}_4$	$100\boldsymbol{I}_4$	控制边界	4.17
2 – 13	10	0	$\boldsymbol{I}_4$	$50\boldsymbol{I}_4$	$100\boldsymbol{I}_4$	控制边界	3.98

在图 2-13 中，通过将 **R** 设置为零矩阵，完全消除了控制变量对应的二次型代价函数。从图 2-13（b）可以发现，在仿真的初始阶段控制动作变得不太平滑。

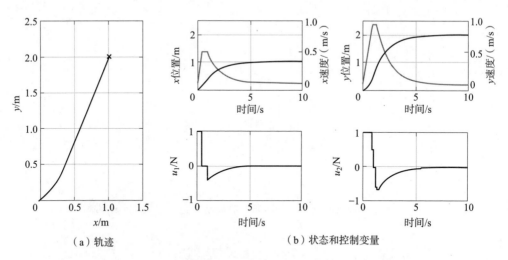

（a）轨迹　　　　　　　　　　　　（b）状态和控制变量

图 2-13　采用 LASSO 代价函数且控制量的二次型代价函数为 0 的纯惯性系统控制

参 考 文 献

［1］ J. Rawlings, D. Mayne, M. Diehl, *Model Predictive Control: Theory, Computation, and Design*, 2nd edn. (Nob Hill Publishing, 2017).

［2］ D. Q. Mayne, J. B. Rawlings, C. V. Rao, P. O. Scokaert, Constrained model predictive control: stability and optimality. Automatica 36, 789-814 (2000).

［3］ G. F. Franklin, J. Powell, M. Workman, *Digital Control of Dynamic Systems*, 3rd edn. (Addison-Wesley, 2006).

［4］ D. Ruscio, Model predictive control with integral action: a simple MPC algorithm. Model. Identif. Control: Nor. Res. Bull. 34, 119-129 (2013).

［5］ M. Nagahara, *Sparsity Methods for System and Controm* (NowPublishers Incorporated, 2020).

［6］ R. Findeisen, F. Allgöwer, *An Introduction to Nonlinear Model Predictive Control* (2002).

［7］ J. B. Rawlings, Tutorial: model predictive control technology in *Proceedings of the 1999 American Control Conference (Cat. No. 99CH36251)*, vol. 1, June 1999

(1999), 676.

[8] J. Nocedal, S. Wright, *Numerical Optimization* (Springer Science & Business Media, 2006).

[9] Y. Wang, S. Boyd, Fast model predictive control using online optimization. IEEE Trans. Control. Syst. Technol. 18, 267 – 278 (2009).

[10] G. Deaconu, C. Louembet, A. Théron, Designing continuously constrained spacecraft relative trajectories for proximity operations. J. Guid. Control Dyn. 38, 1208 – 1217 (2014).

第3章 相对轨道动力学

相对轨道动力学研究的是围绕同一天体运行的两个航天器的相对运动。在轨道交会背景下，在描述两个处于近距离航天器的相对位置和速度时，采用以其中一个航天器为中心的相对坐标系，会比采用以中心天体为中心的绝对坐标系更简便。

描述航天器运动以及两个航天器相对运动的方程是由牛顿万有引力定律和牛顿第二定律推导得到的，这导致了运动方程是非线性微分方程，在实时应用中，比如交会轨迹引导，这些方程往往难以求解和应用。因此，在两个航天器足够接近时，可以对相对运动的非线性方程进行近似计算的同时保持精度。对于圆轨道这一特殊情形，可以通过近似计算得到著名的希尔（Hill）方程[1]，该方程描述了一个线性时不变的动力学系统。对于椭圆轨道的一般情形，近似计算的结果是描述离散线性时变（linear time - variant，LTV）系统的山中 - 安克森（Yamanaka - Ankersen）状态转移矩阵[2]。

如第1章所述，文献中有许多不同的线性化相对动力学模型。例如，有的模型考虑了 J_2[3] 和大气阻力[4]等摄动。一些模型基于不同于笛卡儿坐标的相对状态表示，例如，相对轨道要素（relative orbital elements，ROEs）[5-7]。文献中还有许多其他基于不同假设、应用和复杂性的模型可供选择[8-9]。但由于本书的重点不是相对动力学的精确建模，因此本书只讨论 Yamanaka - Ankersen 模型，该模型不考虑扰动，也未必是现有的最先进模型，但是该模型是线性化相对动力学最先进的基准模型。此外，本书中提出的交会方法不失一般性，这才是本书的真正重点，因为这些方法非常灵活，可以适用于任何的动力学模型，这一点将在第4章中讨论。

本章3.1节首先介绍惯性参考系中的非线性动力学；3.2节介绍以其中一个航天器为中心的非惯性参考系，并在3.3节中推导出在该参考系中的近似动力学模型；3.4节和3.5节分别展示围绕目标圆轨道和目标椭圆轨道进行自由漂移运动和推力机动的几种仿真结果。

3.1 非线性惯性动力学

考虑两个可视为质点的航天器，围绕同一中心天体运动，它们对彼此的引力可以忽略不计。在交会任务场景中，其中一个航天器处于自由运动状态，即目标航天器，另一个航天器为追踪航天器，通过执行机动来缩小它们的相对距离。定义辅助函数

$$f_g\left(\boldsymbol{r}\right) = -\frac{\mu}{r^3}\boldsymbol{r} \tag{3-1}$$

其中，$\boldsymbol{r}$ 为位置矢量，r 为其幅值；μ 为标准引力常数（以地球为例，μ 的值为 $3.986 \times 10^{14}\,\mathrm{m^3/s^2}$）。在惯性参照系中，目标航天器和追踪航天器的位置分别为 $\boldsymbol{r}_t$ 和 $\boldsymbol{r}_c$，运动方程如下

$$\ddot{\boldsymbol{r}}_t = f_g\left(\boldsymbol{r}_t\right) \tag{3-2}$$

$$\ddot{\boldsymbol{r}}_c = f_g\left(\boldsymbol{r}_c\right) + \frac{\boldsymbol{F}}{m_c} \tag{3-3}$$

其中，$\boldsymbol{F}$ 为追踪航天器推力器施加的推力矢量；m_c 为追踪航天器的质量。

如图 3-1 所示，两个航天器的相对位置定义为 $\boldsymbol{s} = \boldsymbol{r}_c - \boldsymbol{r}_t$，因此相对运动满足

$$\ddot{\boldsymbol{s}} = f_g\left(\boldsymbol{r}_c\right) - f_g\left(\boldsymbol{r}_t\right) + \frac{\boldsymbol{F}}{m_c} \tag{3-4}$$

与仅有一个未受扰动航天器的情况不同，该问题没有解析解，必须通过数值方法或线性化近似方法进行求解。

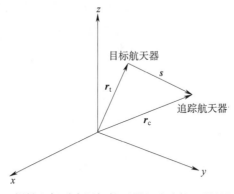

图 3-1　惯性坐标系中目标航天器和追踪航天器的相对位置

3.2　目标本体轨道坐标系

如图 3-2 所示，当两个航天器之间相距较近时，可以考虑原点在目标航天器上的非惯性目标本体轨道坐标系，也称为本体垂直/本体水平坐标系（local-vertical/local-horizontal frame，LVLH）。

坐标系的 x_{lo} 轴大致指向目标速度矢量的方向，但并不总是与之对齐，通常称为 V–bar；坐标系的 y_{lo} 轴垂直于轨道平面，方向与自身角动量相反，也称为 H–bar；z_{lo} 轴，即 R–bar，总是指向中心天体的质心。该坐标系随目标航天器同步转动，转动角速度即为轨道角速度 ω。

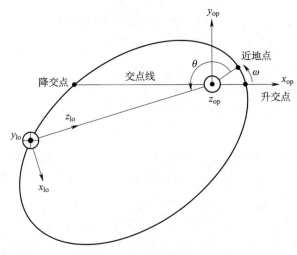

图 3–2　目标本体坐标系（F_{lo}）

要从惯性轨道平面坐标系（F_{op}）中确定此坐标系（F_{lo}）中的坐标[10]，首先要减去目标位置 r_t，然后围绕 z_{op} 轴以近地点幅角 ω 和真近点角 θ 逆时针旋转。然后再围绕 z 轴逆时针旋转 90°，最后绕 x 轴顺时针旋转 90°。综上，两坐标系坐标变换关系如下

$$\begin{bmatrix} x_{lo} \\ y_{lo} \\ z_{lo} \end{bmatrix} = \begin{bmatrix} 1 & 0 & 0 \\ 0 & 0 & -1 \\ 0 & 1 & 0 \end{bmatrix} \begin{bmatrix} 0 & 1 & 0 \\ -1 & 0 & 0 \\ 0 & 0 & 1 \end{bmatrix} \begin{bmatrix} \cos \alpha & \sin \alpha & 0 \\ -\sin \alpha & \cos \alpha & 0 \\ 0 & 0 & 1 \end{bmatrix} \begin{bmatrix} x_{op} - x_t \\ y_{op} - y_t \\ z_{op} - z_t \end{bmatrix} \qquad (3-5)$$

其中，$\alpha = \theta + \omega$。

惯性坐标系和具有角速度矢量 ω 的旋转（∗）坐标系中速度矢量之间的关系为

$$\frac{\mathrm{d} s^*}{\mathrm{d} t} = -\omega \times s^* + \frac{\mathrm{d} s}{\mathrm{d} t} \qquad (3-6)$$

这一参考坐标系通常在交会对接场景中使用，以表示追踪航天器相对于目标航天器的位置和速度[10]。

3.3　相对运动的近似方程

如参考文献［10］所示，在目标位置 $\boldsymbol{r}_t$ 附近对 $\boldsymbol{f}_g$（$\boldsymbol{r}_c$）进行一阶泰勒（Taylor）展开

$$\boldsymbol{f}_g\left(\boldsymbol{r}_c\right) \approx \boldsymbol{f}_g\left(\boldsymbol{r}_t\right) + \left.\frac{\mathrm{d}\boldsymbol{f}_g\left(\boldsymbol{r}\right)}{\mathrm{d}\boldsymbol{r}}\right|_{r=r_t} \left(\boldsymbol{r}_c - \boldsymbol{r}_t\right) \tag{3-7}$$

将式（3-7）代入式（3-4），则相对运动近似为

$$\ddot{\boldsymbol{s}} = \left.\frac{\mathrm{d}\boldsymbol{f}_g\left(\boldsymbol{r}\right)}{\mathrm{d}\boldsymbol{r}}\right|_{r=r_t} \boldsymbol{s} + \frac{\boldsymbol{F}}{m_c} \tag{3-8}$$

对式（3-6）进行微分，得到惯性系和旋转（∗）系中加速度的关系

$$\frac{\mathrm{d}^2\boldsymbol{s}}{\mathrm{d}t^2} = \frac{\mathrm{d}^2\boldsymbol{s}^*}{\mathrm{d}t^2} + \boldsymbol{\omega} \times \left(\boldsymbol{\omega} \times \boldsymbol{s}^*\right) + 2\boldsymbol{\omega} \times \frac{\mathrm{d}\boldsymbol{s}^*}{\mathrm{d}t} + \frac{\mathrm{d}\boldsymbol{\omega}}{\mathrm{d}t} \times \boldsymbol{s}^* \tag{3-9}$$

其中，后三项为离心力、科里奥利（简称科氏）力和欧拉力，可通过旋转参考系中加速度的表达式计算得到。

将式（3-9）代入方程（3-8），得到

$$\frac{\mathrm{d}^2\boldsymbol{s}^*}{\mathrm{d}t^2} + \boldsymbol{\omega} \times \left(\boldsymbol{\omega} \times \boldsymbol{s}^*\right) + 2\boldsymbol{\omega} \times \frac{\mathrm{d}\boldsymbol{s}^*}{\mathrm{d}t} + \frac{\mathrm{d}\boldsymbol{\omega}}{\mathrm{d}t} \times \boldsymbol{s}^* - \left.\frac{\mathrm{d}\boldsymbol{f}_g\left(\boldsymbol{r}\right)}{\mathrm{d}\boldsymbol{r}}\right|_{r=r_t} \boldsymbol{s}^* = \frac{\boldsymbol{F}}{m_c} \tag{3-10}$$

如参考文献［10］所示，在计算所有矢量积和雅可比（Jacobi）矩阵后，对于一般椭圆轨道简化后的式（3-10）为

$$\ddot{x} - \omega^2 x - 2\omega\dot{z} - \dot{\omega}z + k\omega^{3/2}x = \frac{F_x}{m_c} \tag{3-11a}$$

$$\ddot{y} + k\omega^{3/2}y = \frac{F_y}{m_c} \tag{3-11b}$$

$$\ddot{z} - \omega^2 z + 2\omega\dot{x} + \dot{\omega}x - 2k\omega^{3/2}z = \frac{F_z}{m_c} \tag{3-11c}$$

其中，$\boldsymbol{s}^* = \begin{bmatrix} x, & y, & z \end{bmatrix}^\mathrm{T}$；$\boldsymbol{F} = \begin{bmatrix} F_x, & F_y, & F_z \end{bmatrix}^\mathrm{T}$；$k = \mu/h^{3/2}$ 为常数；h 为目标轨道特定角动量的幅值。这就是相对运动的线性化方程（linearized equations of relative motion，LERM）。

除角速度 ω 外，式（3-11）中的微分方程组与相对位置、速度和加速度呈线性关系。这是因为在非圆轨道情况下，角速度不是常数，导致相对运动动力学方程是时变的。

还要注意的是，式（3-11b）中的平面外运动（H-bar）与平面内运动（V-bar 和R – bar）已经因线性化而解耦，这简化了问题，因为两者可以分别求解。而对于非线性动力学，这两个运动实际上是耦合的。

这些方程是对实际非线性运动进行近似线性化的结果，只有在目标与中心天体的质心之间的距离远大于目标与追踪航天器之间的距离时，这些方程才是相对准确的。

3.3.1　圆轨道举例

对于圆目标轨道的特殊情况，轨道角速度是恒定的 $\omega = \mu/r_t^3$，因此 $\dot{\omega} = 0$。由 $h = \omega r^2$，可得到 $k = \omega^{1/2}$。代入式（3 – 11a）～式（3 – 11c）并化简，可得到

$$\ddot{x} - 2\omega\dot{z} = \frac{F_x}{m_c} \tag{3 – 12a}$$

$$\ddot{y} + \omega^2 y = \frac{F_y}{m_c} \tag{3 – 12b}$$

$$\ddot{z} + 2\omega\dot{x} - 3\omega^2 z = \frac{F_z}{m_c} \tag{3 – 12c}$$

这组线性微分方程被称为 Hill 方程[1]，有时也称为希尔 – 克洛赫西 – 威尔特希尔（Hill – Clohessy – Wiltshire）方程[11]。方程组描述了一个线性时不变的动力学系统，该系统在状态空间中可用如下模型描述。

对于面内动力学，有

$$\begin{bmatrix} \dot{x} \\ \dot{z} \\ \ddot{x} \\ \ddot{z} \end{bmatrix} = \begin{bmatrix} 0 & 0 & 1 & 0 \\ 0 & 0 & 0 & 1 \\ 0 & 0 & 0 & 2\omega \\ 0 & 3\omega^2 & -2\omega & 0 \end{bmatrix} \begin{bmatrix} x \\ z \\ \dot{x} \\ \dot{z} \end{bmatrix} + \begin{bmatrix} 0 & 0 \\ 0 & 0 \\ \dfrac{1}{m_c} & 0 \\ 0 & \dfrac{1}{m_c} \end{bmatrix} \begin{bmatrix} F_x \\ F_z \end{bmatrix} \tag{3 – 13}$$

对于面外动力学，有

$$\begin{bmatrix} \dot{y} \\ \ddot{y} \end{bmatrix} = \begin{bmatrix} 0 & 1 \\ \omega^2 & 0 \end{bmatrix} \begin{bmatrix} y \\ \dot{y} \end{bmatrix} + \begin{bmatrix} 0 \\ \dfrac{1}{m_c} \end{bmatrix} F_y \tag{3 – 14}$$

Hill 方程的解析解是容易求解的，关于该方程的详细推导和解释，可参阅参考文献［10］。

3.3.2　一般情形下方程的简化

通过将自变量从时间改为真近点角（描述天体在轨道上位置的角度），利用坐

标变换，可对相对运动近似方程组（3–11）进行化简以使其便于求解。利用链式法则，变量 r 的时间导数与其相对于真近点角 θ 的导数的关系为

$$\frac{\mathrm{d}r}{\mathrm{d}t} = \frac{\mathrm{d}r}{\mathrm{d}\theta}\frac{\mathrm{d}\theta}{\mathrm{d}t} \tag{3–15}$$

真近点角 θ 关于时间的导数是轨道角速度 ω，并用 r' 表示对 θ 的导数，上述表达式化简为

$$\dot{r} = \omega r' \tag{3–16}$$

对时间求二阶导数，得到

$$\ddot{r} = \omega^2 r'' + \omega\omega' r' \tag{3–17}$$

将式（3–16）和式（3–17）代入到方程组（3–11）中的位置和角速度后可以得到

$$\omega^2 x'' + \omega\omega' x' + (k\omega^{3/2} - \omega^2)x - 2\omega^2 z' - \omega\omega' z = \frac{F_x}{m_c} \tag{3–18a}$$

$$\omega^2 y'' + \omega\omega' y' + k\omega^{3/2} y = \frac{F_y}{m_c} \tag{3–18b}$$

$$\omega^2 z'' + \omega\omega' z' - (2k\omega^{3/2} + \omega^2)z + 2\omega^2 x' + \omega\omega' x = \frac{F_z}{m_c} \tag{3–18c}$$

同时，轨道角速度可以改写为

$$\omega = (1 + e\cos\theta)^2 \frac{\mu^2}{h^3} \tag{3–19}$$

定义辅助参数

$$\rho(\theta) = 1 + e\cos\theta \tag{3–20}$$

由于 $k = \mu/h^{3/2}$，角速度可表示为

$$\omega = k^2 \rho^2 \tag{3–21}$$

角速度对 θ 的导数为

$$\omega' = -2k^2 \rho e\sin\theta \tag{3–22}$$

将式（3–21）和式（3–22）代入式（3–18）得

$$\rho x'' - 2e\sin\theta x' - e\cos\theta x - 2\rho z' + 2e\sin\theta z = \frac{F_x}{m_c k^4 \rho^3} \tag{3–23a}$$

$$\rho y'' - 2e\sin\theta y' + y = \frac{F_y}{m_c k^4 \rho^3} \tag{3–23b}$$

$$\rho z'' - 2\sin\theta z' - (3 + e\cos\theta)z + 2\rho x' - 2e\sin\theta x = \frac{F_z}{m_c k^4 \rho^3} \tag{3–23c}$$

应用坐标变换，得到

$$
\begin{bmatrix} \tilde{x} \\ \tilde{y} \\ \tilde{z} \end{bmatrix} = \rho \ (\theta) \begin{bmatrix} x \\ y \\ z \end{bmatrix} \tag{3-24}
$$

对式（3-24）两边同时求导，可得

$$
\begin{bmatrix} \tilde{x}' \\ \tilde{y}' \\ \tilde{z}' \end{bmatrix} = \rho \ (\theta) \begin{bmatrix} x' \\ y' \\ z' \end{bmatrix} - e \ \sin\theta \begin{bmatrix} x \\ y \\ z \end{bmatrix} \tag{3-25}
$$

利用式（3-25），可推得位置的二阶导数为

$$
\begin{bmatrix} \tilde{x}'' \\ \tilde{y}'' \\ \tilde{z}'' \end{bmatrix} = \rho \ (\theta) \begin{bmatrix} x'' \\ y'' \\ z'' \end{bmatrix} - 2e \ \sin\theta \begin{bmatrix} x' \\ y' \\ z' \end{bmatrix} - e \ \cos\theta \begin{bmatrix} x \\ y \\ z \end{bmatrix} \tag{3-26}
$$

将式（3-23）写成关于二阶导数的函数，代入式（3-26），并应用式（3-24）和式（3-25）的变换，得到了在 θ 域内的简化相对运动方程

$$
\tilde{x}'' - 2 \ \tilde{z}' = \frac{F_x}{m_c k^4 \rho^3} \tag{3-27a}
$$

$$
\tilde{y}'' + \tilde{y} = \frac{F_y}{m_c k^4 \rho^3} \tag{3-27b}
$$

$$
\tilde{z}'' - \frac{3}{\rho} \tilde{z} + 2 \tilde{x}' = \frac{F_x}{m_c k^4 \rho^3} \tag{3-27c}
$$

这组方程被称为斯卡查德 – 亨普尔（Tschauner – Hempel）方程[12]（有时也称为劳登（Lawden）方程[13]），是一组比方程组（3-11）更容易求解的常微分方程。

3.3.3 齐次解

针对式（3-27），参考文献［2］给出了其状态转移矩阵形式的齐次解，更多细节可参阅参考文献［14］。在真近点角域内，转移矩阵能够实现将初始状态 θ_0（t_0 时刻）转移到任意 t 时刻的末端状态 θ_t。

首先，给定 t_0 时刻的初始位置和速度，$\theta = \theta_0$ 时的转移位置可由式（3-24）计算得到，转移速度计算如下

$$
\begin{bmatrix} \tilde{x}' \\ \tilde{y}' \\ \tilde{z}' \end{bmatrix} = -e \ \sin \theta \begin{bmatrix} x \\ y \\ z \end{bmatrix} + \frac{1}{k^2 \rho \ (\theta)} \begin{bmatrix} \dot{x} \\ \dot{y} \\ \dot{z} \end{bmatrix} \tag{3-28}
$$

状态变换用矩阵形式可描述为

$$
\begin{bmatrix} \tilde{x} \\ \tilde{z} \\ \tilde{x}' \\ \tilde{z}' \end{bmatrix} = \underbrace{\begin{bmatrix} \rho(\theta) & 0 & 0 & 0 \\ 0 & \rho(\theta) & 0 & 0 \\ -e\sin\theta & 0 & \dfrac{1}{k^2\rho(\theta)} & 0 \\ 0 & -e\sin\theta & 0 & \dfrac{1}{k^2\rho(\theta)} \end{bmatrix}}_{\Lambda_i(\theta)} \begin{bmatrix} x \\ z \\ \dot{x} \\ \dot{z} \end{bmatrix},
$$

(3 − 29)

$$
\begin{bmatrix} \tilde{y} \\ \tilde{y}' \end{bmatrix} = \underbrace{\begin{bmatrix} \rho(\theta) & 0 \\ -e\sin\theta & \dfrac{1}{k^2\rho(\theta)} \end{bmatrix}}_{\Lambda_o(\theta)} \begin{bmatrix} y \\ \dot{y} \end{bmatrix}
$$

然后，必须计算出面内运动的所谓伪初始条件，即

$$
\begin{bmatrix} \bar{x}_0 \\ \bar{z}_0 \\ \bar{x}'_0 \\ \bar{z}'_0 \end{bmatrix} = \underbrace{\dfrac{1}{1-e^2} \begin{bmatrix} 1-e^2 & 3es(1/\rho + 1/\rho^2) & -es(1+1/\rho) & -ec+2 \\ 0 & -3s(1/\rho + e^2/\rho^2) & s(1+1/\rho) & c-2e \\ 0 & -3(c/\rho + e) & c(1+1/\rho)+e & -s \\ 0 & 3\rho+e^2-1 & -\rho^2 & es \end{bmatrix}_{\theta_0}}_{\phi_i^{-1}(\theta_0)} \begin{bmatrix} \tilde{x}_0 \\ \tilde{z}_0 \\ \tilde{x}'_0 \\ \tilde{z}'_0 \end{bmatrix}
$$

(3 − 30)

其中，$s(\theta) = \rho\sin\theta$ 和 $c(\theta) = \rho\cos\theta$。请注意，为简化计算，忽略 ρ、s、c 随 θ 的变化，但必须计算 $\theta = \theta_0$ 时这些参数的值。对于平面外的运动，无须计算伪初始条件。

t 时刻的状态（对应真近点角 θ_t）可通过转移矩阵由 t_0 时刻的状态计算得到，因此对于面内运动有

$$
\begin{bmatrix} \tilde{x}_t \\ \tilde{z}_t \\ \tilde{x}'_t \\ \tilde{z}'_t \end{bmatrix} = \underbrace{\begin{bmatrix} 1 & -c(1+1/\rho) & s(1+1/\rho) & 3\rho^2 J \\ 0 & s & c & (2-3esJ) \\ 0 & 2s & 2c-e & 3(1-2esJ) \\ 0 & s' & c' & -3e(s'J + s/\rho^2) \end{bmatrix}_{\theta_t}}_{\phi_i(\theta_t)} \begin{bmatrix} \bar{x}_0 \\ \bar{z}_0 \\ \bar{x}'_0 \\ \bar{z}'_0 \end{bmatrix}
$$

(3 − 31)

对于面外运动

$$\begin{bmatrix} \tilde{y}_t \\ \tilde{y}'_t \end{bmatrix} = \underbrace{\begin{bmatrix} \cos\,(\theta_t - \theta_0) & \sin\,(\theta_t - \theta_0) \\ -\sin\,(\theta_t - \theta_0) & \cos\,(\theta_t - \theta_0) \end{bmatrix}}_{\phi_o(\theta_0,\theta_t)} \begin{bmatrix} \tilde{y}_0 \\ \tilde{y}'_0 \end{bmatrix} \tag{3-32}$$

其中，$s' = \cos\theta + e\cos2\theta$；$c' = -\,(\sin\theta + e\sin2\theta)$；$J = k^2\,(t - t_0)$。

将变换后即 t 时刻的位置和速度还原。位置的逆变换如式（3-33）所示

$$\begin{bmatrix} x \\ y \\ z \end{bmatrix} = \frac{1}{\rho\,(\theta)} \begin{bmatrix} \tilde{x} \\ \tilde{y} \\ \tilde{z} \end{bmatrix} \tag{3-33}$$

速度的逆变换如下

$$\begin{bmatrix} \dot{x} \\ \dot{y} \\ \dot{z} \end{bmatrix} = k^2 e\,\sin\theta \begin{bmatrix} \tilde{x} \\ \tilde{y} \\ \tilde{z} \end{bmatrix} + k^2\rho\,(\theta) \begin{bmatrix} \tilde{x}' \\ \tilde{y}' \\ \tilde{z}' \end{bmatrix} \tag{3-34}$$

该变换可以用矩阵形式描述为

$$\begin{bmatrix} x \\ z \\ \dot{x} \\ \dot{z} \end{bmatrix} = \underbrace{\begin{bmatrix} \dfrac{1}{\rho\,(\theta)} & 0 & 0 & 0 \\ 0 & \dfrac{1}{\rho\,(\theta)} & 0 & 0 \\ k^2 e\,\sin\theta & 0 & k^2\rho\,(\theta) & 0 \\ 0 & k^2 e\,\sin\theta & 0 & k^2\rho\,(\theta) \end{bmatrix}}_{\Lambda_i^{-1}(\theta)} \begin{bmatrix} \tilde{x} \\ \tilde{z} \\ \tilde{x}' \\ \tilde{z}' \end{bmatrix},$$

$$\begin{bmatrix} y \\ \dot{y} \end{bmatrix} = \underbrace{\begin{bmatrix} \dfrac{1}{\rho\,(\theta)} & 0 \\ k^2 e\,\sin\theta & k^2\rho\,(\theta) \end{bmatrix}}_{\Lambda_o^{-1}(\theta)} \begin{bmatrix} \tilde{y} \\ \tilde{y}' \end{bmatrix} \tag{3-35}$$

根据 t_0 和 θ_0 可以计算 t 时刻的真近点角，首先需要计算 t_0 时刻的偏近点角 E，具体计算方法是

$$E = \arctan 2\,(\sqrt{1 - e^2}\sin\theta,\ e + \cos\theta) \tag{3-36}$$

然后通过开普勒（Kepler）方程计算时间 t_0 处的平近点角 M

$$M = E - e\sin E \tag{3-37}$$

t 时刻的平近点角为

$$M_t = M_0 + \frac{2\pi}{T}\,(t - t_0) \tag{3-38}$$

其中，T 为目标轨道周期，然后可以通过解开普勒方程（3 - 37）得到偏近点角 E_t。最后，真近点角 θ_t 可通过以下公式计算

$$\theta = 2\arctan\left(\sqrt{\frac{1+e}{1-e}}\tan\frac{E}{2}\right) \qquad (3-39)$$

总结来说，要从时间 t_0 的状态确定时间 t 的状态，可通过以下步骤进行：

（1）在 $\theta = \theta_0$ 时，用式（3 - 24）和式（3 - 28）计算变换后的位置和速度；

（2）通过式（3 - 30）计算面内运动的伪初始条件；

（3）计算 t 时刻的真近点角 θ_t；

（4）利用式（3 - 31）和式（3 - 32）对面内和面外运动进行状态转移；

（5）在 $\theta = \theta_t$ 时，通过式（3 - 33）和式（3 - 34）还原坐标变换。

上述转移矩阵可以用作离散线性时变系统的动力学矩阵，将采样周期设置为 $T_s = t - t_0$，可以对椭圆轨道上目标和追踪航天器在 LVLH 参考系内的相对运动进行仿真。但这种方法只能模拟自由漂移运动，即没有推力输入的情况。下一节将介绍真近点角 θ 域内这一问题的特解。

3.3.4　特解

将方程组（3 - 27）改写为状态空间形式 $x' = Ax + Bu$，则特解为

$$x_{\mathrm{p}}(\theta_t) = \int_{\theta_0}^{\theta_t} \Phi(\theta)\, B(\theta)\, u(\theta)\, \mathrm{d}\theta \qquad (3-40)$$

其中，Φ 为前文中介绍的转移矩阵；对于面内运动 $\Phi_{\mathrm{i}}(\theta_0, \theta_t) = \phi_{\mathrm{i}}(\theta_t)\phi_{\mathrm{i}}^{-1}(\theta_0)$，对于面外运动 $\Phi_{\mathrm{o}}(\theta_0, \theta_t) = \phi_{\mathrm{o}}(\theta_0, \theta_t)$。此外，对于面内运动有

$$B_{\mathrm{i}}(\theta) = \frac{1}{m_{\mathrm{c}}k^4\rho^3(\theta)}\begin{bmatrix}0 & 0\\ 0 & 0\\ 1 & 0\\ 0 & 1\end{bmatrix};\quad u_{\mathrm{i}}(\theta) = \begin{bmatrix}F_x(\theta)\\ F_z(\theta)\end{bmatrix} \qquad (3-41)$$

对于平面外运动有

$$B_{\mathrm{o}}(\theta) = \frac{1}{m_{\mathrm{c}}k^4\rho^3(\theta)}\begin{bmatrix}0\\ 1\end{bmatrix};\quad u_{\mathrm{o}}(\theta) = F_y(\theta) \qquad (3-42)$$

求解积分式（3 - 40）需要计算几个非平凡积分，参考文献 [14] 针对推力在转移间隔内恒定的情况进行了研究（即 $F(\theta) = F$）。参考文献 [14] 中给出的面内运动的解是

$$
\begin{bmatrix} \tilde{x}_p \\ \tilde{z}_p \\ \tilde{x}'_p \\ \tilde{z}'_p \end{bmatrix} = \varPhi_i\left(\theta_0,\ \theta_t\right) \underbrace{\frac{1}{k^4\left(1-e^2\right)} \begin{bmatrix} 3I_{1J} - e\left(I_{s_3}+I_{s_2}\right) & 2I_3 - e\left(I_{c_2}+3I_{s_{2J}}\right) \\ I_{s_3}+I_{s_2}-3eI_{1J} & I_{c_2}-e\left(2I_3-3eI_{s_{2J}}\right) \\ I_{c_3}+I_{c_2}+eI_3 & -I_{s_2} \\ -I_1 & eI_{s_2} \end{bmatrix} \frac{1}{m_c} \begin{bmatrix} F_x \\ F_z \end{bmatrix}}_{\varGamma_i\left(\theta_0,\theta_t\right)}
$$

$$(3-43)$$

对于面外运动则有

$$
\begin{bmatrix} \tilde{y}_p \\ \tilde{y}'_p \end{bmatrix} = \underbrace{\frac{1}{k^4} \begin{bmatrix} \sin\theta_t & \cos\theta_t \\ \cos\theta_t & -\sin\theta_t \end{bmatrix} \begin{bmatrix} I_{c_3} \\ -I_{s_3} \end{bmatrix} \frac{1}{m_c} F_y}_{\varGamma_o\left(\theta_0,\theta_t\right)}
$$

$$(3-44)$$

其中，变量 I_i 为积分值，具体的值在附录中给出。

为了得到通解，将特解和齐次解相加。将面内和面外运动合并得到通解

$$
\begin{bmatrix} \tilde{x}_t \\ \tilde{y}_t \\ \tilde{z}_t \\ \tilde{x}'_t \\ \tilde{y}'_t \\ \tilde{z}'_t \end{bmatrix} = \varPhi\left(\theta_0,\ \theta_t\right) \begin{bmatrix} \tilde{x}_0 \\ \tilde{y}_0 \\ \tilde{z}_0 \\ \tilde{x}'_0 \\ \tilde{y}'_0 \\ \tilde{z}'_0 \end{bmatrix} + \varGamma\left(\theta_0,\ \theta_t\right) \begin{bmatrix} F_x \\ F_y \\ F_z \end{bmatrix} \left(\theta_0\right)
$$

$$(3-45)$$

$\varPhi\left(\cdot,\ \cdot\right)$ 与 $\varGamma\left(\cdot,\ \cdot\right)$ 是前文 $\varPhi_i$、$\varPhi_o$、$\varGamma_i$、$\varGamma_o$ 中元素的组合。然后进行坐标逆变换即可得到时域解

$$
\begin{bmatrix} x_t \\ y_t \\ z_t \\ \dot{x}_t \\ \dot{y}_t \\ \dot{z}_t \end{bmatrix} = \varLambda^{-1}\left(\theta_t\right)\varPhi\left(\theta_0,\ \theta_t\right)\varLambda\left(\theta_0\right) \begin{bmatrix} x_0 \\ y_0 \\ z_0 \\ \dot{x}_0 \\ \dot{y}_0 \\ \dot{z}_0 \end{bmatrix} + \varLambda^{-1}\left(\theta_t\right)\varGamma\left(\theta_0,\ \theta_t\right) \begin{bmatrix} F_x \\ F_y \\ F_z \end{bmatrix}
$$

$$(3-46)$$

需要注意的是，由于特解假设采样间隔内的力是恒定的，所以该解构成了零

阶保持器输入的离散化。

状态空间模型（原文 **3.3.4.1**）

方程（3 - 46）可以写为线性时变系统的离散状态模型

$$x_{k+1} = A_k^{k+1} x_k + B_k^{k+1} u_k \qquad (3-47)$$

其中状态矢量为 $x = [x, y, z, \dot{x}, \dot{y}, \dot{z}]^T$，输入矢量为 $u = [F_x, F_y, F_z]^T$，并且系统在时间 k 的真近点角为 θ_0，在时间 $k+1$ 的真近点角为 θ_t。矩阵 A_k^{k+1} 为从时间 k 到 $k+1$ 的状态转移矩阵，由式（3 - 46）中定义为

$$A_k^{k+1} = \Lambda^{-1}(\theta_t)\, \Phi\,(\theta_0, \theta_t)\, \Lambda\,(\theta_0) \qquad (3-48)$$

B_k^{k+1} 为输入矩阵，可写为

$$B_k^{k+1} = \Lambda^{-1}(\theta_t)\, \Gamma\,(\theta_0, \theta_t) \qquad (3-49)$$

3.4　目标圆轨道中的相对运动

在本节和下一节中，将分别在目标圆轨道和目标椭圆轨道中模拟两个航天器之间的相对运动，包括自由漂移运动和脉冲推力机动。

目标圆轨道的相对运动可以使用 Hill 线性化动力学进行仿真，可以在 Simulink 中使用式（3 - 13）和式（3 - 14）中的连续状态空间模型进行数值仿真，或者使用其解析解——Clohessy - Wiltshire 方程进行分析仿真。由于数值仿真引入了离散化误差，使用解析解更合适。所有仿真都是针对轨道高度为 600km 的地球卫星进行的，仿真时长为 2 个轨道周期，采样周期取 10s。假设重力场均匀故忽略轨道摄动，并且 Hill 方程描述轨道平面上的相对运动。

在惯性坐标系中，尽管所有航天器轨迹都是圆或椭圆，但相对轨迹可能并不直观，因为它们是非惯性的。在 R - bar/V - bar 图中，目标航天器始终位于原点；因此，如果追踪航天器沿 R - bar 的负方向（向上）飞行，则相对于目标而言它与中心天体的距离会增大，如果它沿着 V - bar 的正方向（向左）飞行，那么它会在轨道上领先于目标。在线性化模型中，由于面内和面外运动是解耦的，因此将分别展示。追踪航天器的初始位置用"×"标记，目标位置（原点）用"○"标记。

3.4.1　自由漂移运动

首先考虑追踪航天器无轨道机动，对不同初始位置和速度的情形进行仿真。

如图 3 - 3 所示，如果追踪航天器位于目标航天器 V - bar 方向上（R - bar = 0），并且与目标具有相同的速度，则它将不会相对于目标移动，因为在这一场景下，航天器只是在大致相同的圆轨道上的不同相位。

如果追踪航天器与目标航天器位于不同的轨道高度且相对速度为零,则追踪航天器必然处于椭圆轨道上,因为高/低高度的圆轨道具有更低/更高的轨道速度。因此,如图3-4所示,如果从目标航天器具有更高轨道高度的初始情况进行仿真,相对于追踪航天器,目标航天器将升高直到达到远地点,然后在近地点时刻返回至初始相对高度。另一方面,如果开始仿真时的目标航天器轨道高度较低,相对于追踪航天器,目标航天器的相对高度将会降低且相对速度增加,直到达到近地点,然后再次升高至远地点。此外,高轨道上的追踪航天器的轨道周期更长,因此会落后于目标,而低轨道上的追踪航天器将领先于目标。

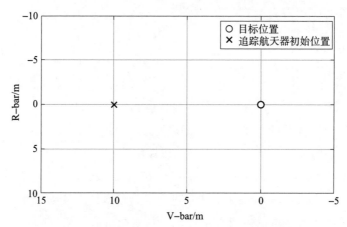

图3-3 目标圆轨道上以 V-bar 起始的相对面内运动

(初始条件为 $s_0 = [10, 0, 0]$ m, $\dot{s}_0 = [0, 0, 0]$ m/s)

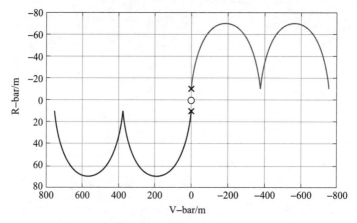

图3-4 目标圆轨道上以 R-bar 起始的相对面内运动

(初始条件为 $s_0 = [0, 0, \pm 10]$ m, $\dot{s}_0 = [0, 0, 0]$ m/s)

如图 3 - 5 所示，如果对水平速度进行补偿，以确保追踪航天器处于圆轨道上，那么追踪航天器将沿着恒定高度漂移。当轨道高度差为 z_0 时，通过令追踪航天器相对水平速度为 $V_x = \dfrac{3}{2}\omega z_0$，可以使其绝对轨道为圆轨道。

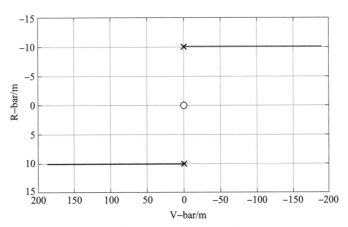

图 3 - 5　目标圆轨道上以 R - bar 起始的相对面内运动

（初始条件为 $s_0 = \begin{bmatrix} 0, & 0, & \pm 10 \end{bmatrix}$ m，$\dot{s}_0 = \begin{bmatrix} \pm 10\dfrac{3}{2}\omega, & 0, & 0 \end{bmatrix}$ m/s）

在图 3 - 6 中，追踪航天器从 V - bar 起始且相对于目标具有较低的径向速度，因此追踪航天器处于椭圆轨道上，但轨道周期与目标相同。这种情况下，追踪航天器轨道高度下降并在相位上超过目标，然后环绕到相同的初始相对位置。

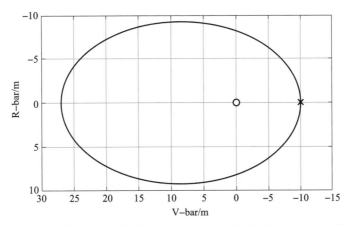

图 3 - 6　追踪航天器在目标圆轨道中以 V - bar 起始的相对面内运动，初始时具有

径向相对速度（初始条件为 $s_0 = \begin{bmatrix} -10, & 0, & 0 \end{bmatrix}$ m，$\dot{s}_0 = \begin{bmatrix} 0, & 0, & 0.01 \end{bmatrix}$ m/s）

如果追踪航天器以较高的水平速度在 V-bar 上开始运动，则追踪航天器会在相位上超过目标并升高。之后，追踪航天器速度下降并开始落后于目标直到到达远地点。最后，追踪航天器的高度会下降且速度得到提升，在达到近地点时再次开始追赶。这就形成了图 3-7 中近地点附近的环。如果追踪航天器以较低的水平速度起始，相对轨迹就是图 3-7 的镜像轨迹。

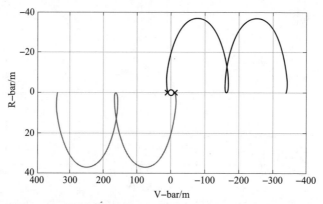

图 3-7　追踪航天器在目标圆轨道中以 V-bar 起始的相对面内运动，初始时具有水平相对速度（初始条件 $s_0 = [\pm 10, 0, 0]$ m，$\dot{s}_0 = [\pm 0.01, 0, 0]$ m/s）

没有任何机动的情况下，面外运动始终会随时间呈正弦波形。在图 3-8 中，追踪航天器以与目标相同的法线速度从高于目标轨道平面（H-bar = 0）的起始位置开始运动。首先，追踪航天器将沿着 H-bar 下降，并在升交点穿越目标轨道平面，直到达到与起始相对位置距离相等方向相反的位置。最后追踪航天器会上升，并在降交点处与轨道平面相交，直到返回初始相对位置。

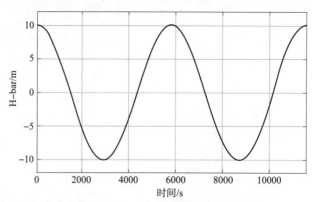

图 3-8　追踪航天器在目标圆轨道中的相对面外运动
（初始条件 $s_0 = [0, 10, 0]$ m，$\dot{s}_0 = [0, 0, 0]$ m/s）

3.4.2　脉冲推力机动

现在考虑追踪航天器推力器沿轨迹方向施加的机动，假设脉冲施加前后速度瞬时改变。注意，现实中这种瞬时速度变化 ΔV 是不存在的，因为航天器的推力器只能使速度逐渐增加（ΔV 的表达式推导可参阅参考文献 [10]）。不过，对于交会轨道的分析和规划采用这种轨道机动方式是有意义的。

在图 3 – 9 中，追踪航天器相对目标进行了一次霍曼（Hohmann）转移机动，整个过程施加了两次 ΔV（表示为黑色箭头）脉冲，通过 Δz 改变追踪航天器的轨道高度。追踪航天器从目标下方的圆轨道上开始运动，然后通过施加式（3 – 50）所示的脉冲增加其水平速度，这使得追踪航天器的轨道变为远地点位于所需高度的偏心转移轨道。在远地点，施加相同的 ΔV 以进入圆轨道。因此，完成此机动需要半个轨道周期。

$$\Delta V_x = \Delta z \omega / 4 \tag{3 – 50}$$

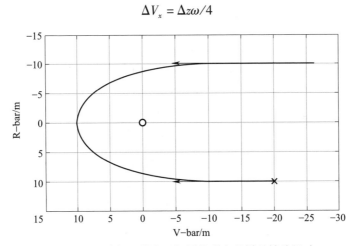

图 3 – 9　追踪航天器在目标圆轨道中的霍曼转移机动

追踪航天器进行前进或后退 Δx 距离的 V – bar 转移的一种方式是通过施加两次径向 ΔV 脉冲，其幅值为

$$\Delta V_z = \Delta x \omega / 4 \tag{3 – 51}$$

利用如图 3 – 6 所示的轨迹。在图 3 – 10 中，追踪航天器与目标位于相同的轨道上，但相位落后于目标脉冲，这导致追踪航天器要转移至目标前方需要降轨向前运动。当追踪航天器再次到达 V – bar 时，施加相同的 ΔV 脉冲进入圆轨道，并相对于目标保持静止。

另一种可能的 V – bar 转移机动使用水平 ΔV（而不是径向 ΔV）机动，其幅值为

$$\Delta V_x = - \Delta x \frac{\omega}{6\pi} \tag{3 – 52}$$

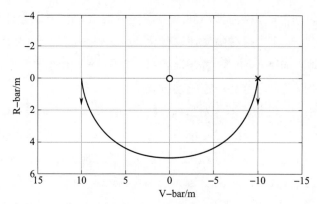

图 3 - 10　追踪航天器在目标圆轨道中采用径向
冲量进行径向 V - bar 转移机动

　　利用如图 3 - 7 所示的轨迹，航天器脉冲施加情况如图 3 - 11 所示。整个变轨过程需要一个完整的轨道周期来完成，而径向脉冲只需要半个周期，但燃料成本降低了 3π/2 倍，这是非常有意义的。

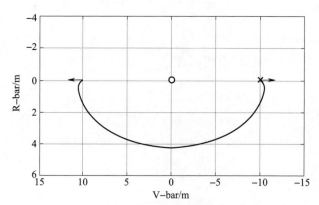

图 3 - 11　追踪航天器在目标圆轨道中采用水平
冲量进行径向 V - bar 转移机动

　　要完全纠正追踪航天器与目标轨道的倾角差异，需要在升交点或降交点处施加法向 ΔV 脉冲。如果面外运动的振幅为 Δy，则所需的 ΔV 为

$$\Delta V_y = - \omega \Delta y \qquad\qquad (3 - 53)$$

变轨过程如图 3 - 12 所示。

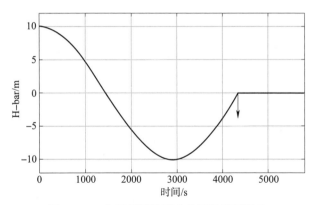

图 3 - 12　在目标圆轨道中的倾角校正机动

3.5　目标椭圆轨道中的相对运动

采用式（3 - 47）中的离散状态空间模型模拟椭圆目标轨道中的相对运动。由于轨道是椭圆形的，因此必须根据初始真近点角 θ_0 定义为初始条件。和前文一样，对地球卫星进行仿真，卫星的近地点轨道高度为 600km，仿真时长为两个轨道周期，采样真近点角 Θ_s 为 0.5°。不同仿真中轨道的偏心率会有所不同。和前文一样，忽略轨道摄动的影响。

在圆轨道中，LVLH 系保持匀速旋转，并且 V - bar 轴始终与目标速度矢量方向一致；而在椭圆轨道中，LVLH 系的旋转速率沿轨道变化，V - bar 轴也并不总是与目标速度矢量一致。因此，椭圆轨道中的相对运动更加复杂也更难理解。

3.5.1　自由漂移运动

和前文一样，首先讨论无推力下的自由运动。如图 3 - 13 所示，追踪航天器由 V - bar 轴起始并且初始相对速度为 0 时，追踪航天器会漂离目标，但在相同条件下的圆轨道中，追踪航天器会保持相对静止（见图 3 - 3）。这是因为椭圆轨道上轨道速度的幅值不是恒定的，这意味着如果追踪航天器在前方且速度相同，则它与目标不完全在同一轨道上，因此两个航天器存在相对运动。还要注意，由于 V - bar 不一定与目标速度矢量一致，二者要处于相同的轨道上需要追踪航天器与目标处于不同的 R - bar 位置。还可以观察到，随着目标沿其轨道的位置变化，漂移轨迹也会发生变化，这是因为动力学随着真近点角 θ 的变化而变化；如果目标从近地点（$\theta_0 = 0°$）或远地点（$\theta_0 = 180°$）开始运动，漂移只沿 V - bar 出现，否则追踪航天器也会在 R - bar 方向漂移。如图 3 - 14 所示，偏心率越大，漂移运动的振幅也越大。

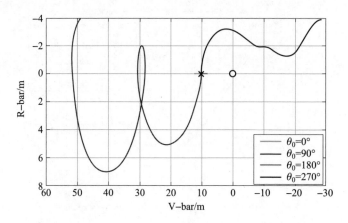

图 3-13 V-bar 起始下的追踪航天器面内相对运动

（初始条件为 $s_0 = [10, 0, 0]$ m, $\dot{s}_0 = [0, 0, 0]$ m/s, 偏心率 e 为 0.1）

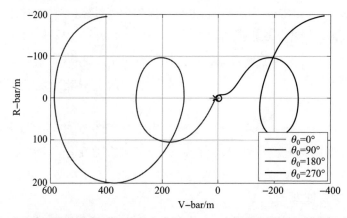

图 3-14 追踪航天器在椭圆目标轨道中采用 V-bar 起始和不同的初始真近点角的面内
相对运动（初始条件为 $s_0 = [10, 0, 0]$ m, $\dot{s}_0 = [0, 0, 0]$ m/s, 偏心率 e 为 0.5）

如果对初始相对速度进行补偿，以确保航天器处于同一轨道上，但真近点角不同，则会得到图 3-15 所示的结果，图 3-15 包括对两种不同的偏心率轨道进行仿真的结果。为了生成这种初始场景，追踪航天器与目标航天器的位置由轨道要素定义，且满足追踪航天器和目标航天器位于相同轨道上，但相位不同。然后通过变换式（3-5）和式（3-6）将其转换到目标本体轨道参考系。尽管在同一轨道上，航天器间仍然会发生相对运动，可以观察到，由于航天器处于相同的轨道上，因此具有相同的轨道周期，追踪航天器在一个轨道周期后返回到初始相对位置。还可以观察到，偏心率越大，相对运动的振幅就越大。

如前所述，R-bar 方向的运动产生的原因是：V-bar 轴并不总是与速度矢量一致，如图 3 - 2 所示，因此它沿着轨道相对于速度矢量移动，在近地点时两者方向一致，然后 V - bar 向椭圆内侧降低直到到达远地点，然后再次一致，之后 V - bar 向椭圆外侧升高。由于在图 3 - 15 中目标从近地点开始运动，因此追踪航天器首先沿着 R - bar 负方向运动，然后再回升直到到达近地点并沿着 R - bar 正方向运动。另一方面，沿 V - bar 的运动来自轨道速度的变化。航天器向远地点移动时，航天器的速度会下降，又因为追踪航天器在相位上领先，目标会赶上追踪航天器且两者的相对距离也会减小。当向近地点移动时，航天器加速，追踪航天器领先于目标，并沿着 V - bar 正方向运动。

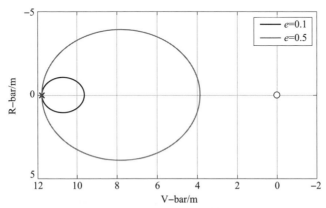

图 3 - 15　追踪航天器在椭圆目标轨道上的相对平面内运动

（初始真近点角 $\theta_0 = 0°$，初始轨道相位 $\Delta\theta = 0.0001°$）

如果追踪航天器初始相对位置为在 R - bar 的近地点并且相对速度为零，可以得到如图 3 - 16 所示的轨道面内的相对轨迹。与目标为圆轨道的情况（见图 3 - 4）相

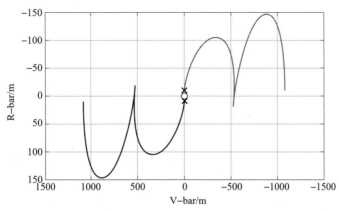

图 3 - 16　追踪航天器在椭圆目标轨道中采用 R - bar 起始的平面内相对运动

（初始条件为 $s_0 = [0, 0, \pm10]$ m，$\dot{s}_0 = [0, 0, 0]$ m/s，$\theta_0 = 0°$ 偏心率 e 为 0.1）

似，此时相对轨迹存在振荡。如果追踪航天器从 $\theta_0 = 90°$ 开始运动，则相对轨迹会有所不同，如图 3 - 17 所示。

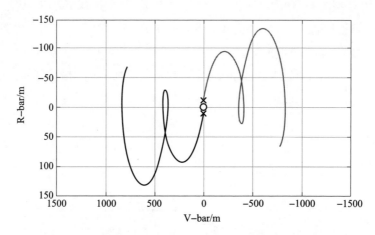

图 3 - 17　追踪航天器在椭圆目标轨道中以 R - bar 起始并具有不同初始真近点角的

相对平面内运动（初始条件为 $s_0 = [\,0,\ 0,\ \pm10\,]$ m，$\dot{s}_0 = [\,0,\ 0,\ 0\,]$ m/s，

偏心率 e 为 0.1，初始真近点角 $\theta_0 = 90°$）

如果追踪航天器的初始位置相对于目标位于更高或更低的轨道上即相对位置在 R - bar 上的分量不为 0，但偏心率与目标轨道相同，则会得到图 3 - 18 所示的结果。相同初始条件下，圆轨道上的追踪航天器只是沿着 V - bar 漂移（见图 3 - 5），现在追踪航天器同时会沿着 R - bar 移动。这一方面是由于 V - bar 相对于目标速

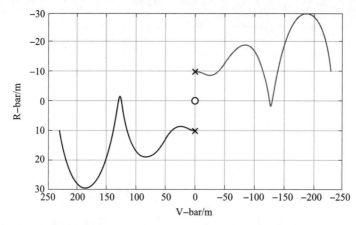

图 3 - 18　追踪航天器在椭圆目标轨道上的相对面内运动，目标轨道较低/较高

（初始真近点角 $\theta_0 = 0°$，偏心率 e 为 0.1，半长轴的差值 $\Delta a = \pm11$m）

度矢量的运动；另一方面是因为具有相同偏心率而近地点高度不同的两个轨道远地点高度也不同。另外，由于航天器具有不同的轨道周期，运动的振幅会随着它们沿着轨道的相位变化而增大。该仿真的初始条件同样在轨道平面参考系中设定，将追踪航天器放置在与目标轨道偏心率和真近点角相同但半长轴不同的轨道上，然后将追踪航天器的位置和速度转换到 LVLH 系中。

如图 3 − 19 所示，对于面外运动，追踪航天器的相对轨迹仍然类似于正弦波，随着偏心率的增加，它和正弦波的相似性会逐渐减弱。从图中结果还可以得出相对轨迹取决于目标沿轨道的初始位置，即初始 θ。

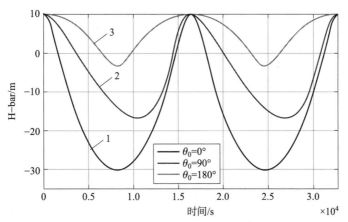

图 3 − 19　追踪航天器在具有增加偏心率的椭圆目标轨道中相对轨道平面的运动
（初始条件为 $s_0 = [0, 10, 0]$ m, $\dot{s}_0 = [0, 0, 0]$ m/s, 偏心率 e 为 0.5, 初始真近点角不同）

在近地点（$\theta = 0°$）处，H − bar 方向上的加速度比远地点（$\theta = 180°$）处更大，因此如果航天器从近地点开始运动（轨迹 1），追踪航天器在法向上下降的距离将比从远地点开始运动（轨迹 3）的情况更远。此外，由于 H − bar 方向加速度不同，航天器在远地点的停留时间会比在近地点的停留时间更长，这导致轨迹 1 的峰值持续时间比谷值持续时间更窄，而轨迹 3 的情况相反。对于偏心率越大的轨道，这种效应越明显。如果追踪航天器不是从近地点或远地点开始（轨迹 2）运动，则峰值和谷值与远地点和近地点不一致，因此不同的动力学特性会导致波形不对称。

3.5.2　脉冲推力机动

通过 Yamanaka − Ankersen 转移矩阵，可以确定在特定起点和终点条件下任意脉冲式机动的 ΔV。利用之前已经推导的坐标转换，对于面内的运动可以得到

$$\begin{bmatrix} x_f \\ z_f \\ \dot{x}_f \\ \dot{z}_f \end{bmatrix} = \Lambda_i^{-1}(\theta_f)\, \Phi_i(\theta_f)\, \Lambda_i(\theta_0) \begin{bmatrix} x_0 \\ z_0 \\ \dot{x}_0 \\ \dot{z}_0 \end{bmatrix} \tag{3-54}$$

其中，下标 f 为终点条件，初始位置和最终位置之间的转移时间用 θ_f 表示。给定初始位置后，可以通过解上述方程得到在指定时间到达最终位置所需的初始速度 $\dot{x}_0$ 和 $\dot{z}_0$。将变换后的转移矩阵记为 $\boldsymbol{D}$，前两个状态可写为

$$\begin{bmatrix} x_f \\ z_f \end{bmatrix} = \begin{bmatrix} d_{11} & d_{12} & d_{13} & d_{14} \\ d_{21} & d_{22} & d_{23} & d_{24} \end{bmatrix} \begin{bmatrix} x_0 \\ z_0 \\ \dot{x}_0 \\ \dot{z}_0 \end{bmatrix} \tag{3-55}$$

因此，所需的 ΔV 值为

$$\dot{x}_0 = \frac{d_{14}z_f + (d_{24}d_{11} - d_{21}d_{14})\,x_0 + (d_{24}d_{12} - d_{22}d_{14})\,z_0 - d_{24}x_f}{d_{23}d_{14} - d_{24}d_{13}}$$

$$\dot{z}_0 = \frac{d_{23}x_f + (d_{13}d_{21} - d_{11}d_{23})\,x_0 + (d_{13}d_{22} - d_{12}d_{23})\,z_0 - d_{13}z_f}{d_{23}d_{14} - d_{24}d_{13}} \tag{3-56}$$

请注意，根据上述表达式中的分母可知，将转移时间设定为一个轨道周期会导致奇点，因此不可实现。为了消除转移结束时的相对速度，可以通过计算式 (3-54) 中 $\dot{x}_f$ 和 $\dot{z}_f$ 的负值来确定最终的 ΔV。

图 3-20 展示了一个类似于图 3-9 中目标圆轨道的 V-bar 转移机动的示例。可以观察到，追踪航天器在指定的转移时间内到达了最终位置。图 3-21 展示了任意位置之间的面内转移。

对于面外运动的动力学方程，方程 (3-54) 变为

$$\begin{bmatrix} y_f \\ \dot{y}_f \end{bmatrix} = \Lambda_o^{-1}(\theta_f)\, \Phi_o(\theta_f)\, \Lambda_o(\theta_0) \begin{bmatrix} y_0 \\ \dot{y}_0 \end{bmatrix} \tag{3-57}$$

因此 ΔV 为

$$\dot{y}_0 = \frac{k^2 \rho(\theta_0)}{\sin(\theta_f - \theta_0)} [\rho(\theta_f)\, y_f - (\cos(\theta_f - \theta_0) + e\cos\theta_f)\, y_0] \tag{3-58}$$

$\theta_f - \theta_0 = n\pi$，$n \in N$ 时，该表达式是奇异的，因此半轨道或一个轨道周期的转移是不可能的。

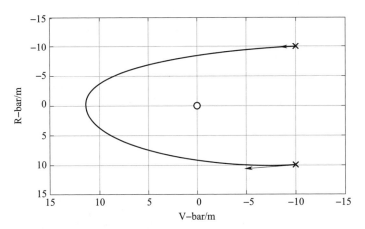

图 3 - 20　追踪航天器在椭圆目标轨道中的 R - bar 转移（初始条件为 $s_0 = [-10, 0, 10]$ m，$\theta_0 = 0°$，终端条件为 $s_f = [-10, 0, -10]$ m，$\theta_f = 180°$，偏心率 e 为 0.4）

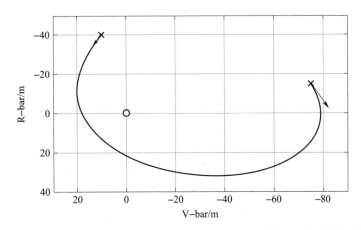

图 3 - 21　追踪航天器在椭圆目标轨道中的任意面内转移（初始条件为 $s_0 = [-75, 0, -15]$ m，$\theta_0 = 0°$，终端条件为 $s_f = [10, 0, -40]$ m，$\theta_f = 180°$，偏心率 e 为 0.4）

注意，所有变轨中，第一个 ΔV 都大于最后一个。这是因为这些变轨在远地点及其附近结束，航天器在远地点附近的速度要比近地点慢。

附录：特解积分

本附录利用参考文献 [14] 中的方法，给出了式（3 - 43）和式（3 - 44）中的积分表达式

$$I_{s_3} = \frac{1}{2e} \left[\frac{1}{\rho(\theta_t)^2} - \frac{1}{\rho(\theta_0)^2} \right] \tag{3-59}$$

$$I_{c_3} = (1-e^2)^{-5/2} \left[(1+e^2)(\sin E_t - \sin E_0) \frac{e}{2}(\sin E_t \cos E_t - \right.$$

$$\left. \sin E_0 \cos E_0 + 3(E_t - E_0)) \right] \tag{3-60}$$

$$I_{s_2} = \frac{1}{e} \left[\frac{1}{\rho(\theta_t)} - \frac{1}{\rho(\theta_0)} \right] \tag{3-61}$$

$$I_{c_2} = (1-e^2)^{-3/2} \left[\sin E_t - \sin E_0 - e(E_t - E_0) \right] \tag{3-62}$$

$$I_3 = (1-e^2)^{-5/2} \left[\left(\frac{1}{2}e^2 + 1 \right)(E_t - E_0) + \frac{1}{2}e^2(\sin E_t \cos E_t - \right.$$

$$\left. \sin E_0 \cos E_0) - 2e(\sin E_t - \sin E_0) \right] \tag{3-63}$$

$$I_1 = (1-e^2)^{-1/2}(E_t - E_0) \tag{3-64}$$

$$I_{1J} = (1-e^2)^{-2} \left[\frac{1}{2}(E_t^2 - E_0^2) + e(\cos E_t - \cos E_0) + \right.$$

$$\left. (e \sin E_0 - E_0)(E_t - E_0) \right] \tag{3-65}$$

$$I_{s_{2J}} = (1-e^2)^{-5/2} \left[\sin E_t \left(1 + \frac{e}{2}\cos E_t \right) - E_t \left(\frac{e}{2} + \cos E_t \right) - \right.$$

$$\sin E_0 \left(1 + \frac{e}{2}\cos E_0 \right) + E_0 \left(\frac{e}{2} + \cos E_0 \right) - (e \sin E_0 - E_0)(\cos E_t - \cos E_0) \right] \tag{3-66}$$

参 考 文 献

[1] G. W. Hill, Researches in the lunar theory. Am. J. Math. 1, 5 – 26 (1878). ISSN: 00029327, 10806377.

[2] K. Yamanaka, F. Ankersen, New state transition matrix for relative motion on an arbitrary elliptical orbit. J. Guid. Control Dyn. 25, 60 – 66 (2002).

[3] C. Wei, S. – Y. Park, C. Park, Linearized dynamics model for relative motion under a J2 – perturbed elliptical reference orbit. Int. J. Non – Linear Mech. 55, 55 – 69 (2013).

[4] L. Cao, A. K. Misra, Linearized J2 and atmospheric drag model for satellite relative motion with small eccentricity. Proc. Inst. Mech. Eng. Part G: J. Aerosp. Eng. 229, 2718 – 2736 (2015).

[5] L. Breger, J. P. How, Gauss's variational equation – based dynamics and control for formation flying spacecraft. J. Guid. Control Dyn. 30, 437 – 448 (2007).

[6] S. D'Amico, Relative orbital elements as integration constants of Hill's equations. DLR, TN, 05 – 08 (2005).

[7] A. W. Koenig, T. Guffanti, S. D'Amico, New state transition matrices for spacecraft relative motion in perturbed orbits. J. Guid. Control Dyn. 40, 1749 – 1768 (2017).

[8] K. Alfriend, H. Yan, Evaluation and comparison of relative motion theories. J. Guid. Control Dyn. 28, 254 – 261 (2005).

[9] J. Sullivan, S. Grimberg, S. D'Amico, Comprehensive survey and assessment of spacecraft relative motion dynamics models. J. Guid. Control Dyn. 40, 1837 – 1859 (2017).

[10] W. Fehse, *Automated Rendezvous and Docking of Spacecraft* (Cambridge University Press, 2003). ISBN: 0521824923.

[11] W. H. Clohessy, R. S. Wiltshire, Terminal guidance system for satellite rendezvous. J. Aerosp. Sci. 27, 653 – 658 (1960).

[12] J. Tschauner, P. Hempel, Rendezvous with a target in an elliptical orbit. Astronaut. Acta 11, 104 – 109 (1965).

[13] D. F. Lawden, Fundamentals of space navigation. J. Br. Interplanet. Soc. 13, 87 – 101 (1954).

[14] F. Ankersen, Guidance, navigation, control and relative dynamics for spacecraft proximity maneuvers. Ph. D. thesis, Institut for Elektroniske Systemer (2010). ISBN: 9788792328724.

第4章 模型预测控制交会

在传统交会任务设计中，由于机载计算资源有限，所以制导轨迹设计通常离线进行。在该前提下，航天器执行开环机动，并根据轨迹偏差，在线确定中途修正推力的精确值[1]。

随着机载计算能力的提高，越来越多的研究致力于将模型预测控制（model predictive control，MPC）应用于交会制导问题[2-10]。该方法可以使航天器具有在线且闭环执行推力机动的能力，从而提高航天器的自主性。MPC 技术还能提高航天器制动时的精度和燃料利用率，同时处理交会任务中的关键执行约束，例如：

（1）推进剂最大消耗约束；

（2）推力器功率限制；

（3）航天器碰撞安全和被动安全要求。

大多数研究将 MPC 方法应用于交会问题的文献都专注于航天器的轨道转移控制。事实上，在交会过程中，姿态和轨道控制通常是分开处理的，因为轨道转移和旋转运动之间的耦合很弱[1]。但是在对接和停泊阶段对姿态和轨道的控制耦合在一起，这两个阶段的机动不在本书讨论的范围之内。此外，航天器的姿态可能受许多运行约束的影响，例如，太阳能电池板光照时长约束、天线朝向约束等，这些都会大大增加 MPC 优化问题的复杂性。MPC 也已被应用于航天器姿态控制[11]和耦合控制[12-16]，但本书只涉及轨道转移控制。

MPC 可同时执行航天器 GNC 系统的制导和控制功能，导航功能不在本书研究范围内。机动终端状态可作为控制器的参考输入，生成类似于制导系统的轨迹。MPC 还能生成一连串控制决策，来用作该控制器的前馈控制动作，但要支持不同的低频和高频控制器，则需弃用这些决策。如果提供的是参考轨迹，而不是参考终端状态，MPC 也可以只执行控制功能，本书对此不作探讨。但本书所设计的MPC 算法仍称作"控制器"，因为该算法虽然类似于传统的航天器制导系统，但会考虑支持低频和更高频率的控制器和姿态控制器。此外，本书假定状态始终已知，仅在 4.6 节考虑了状态估计误差的存在。

MPC 最大的局限在于计算需求。不过，在交会情况下，由于轨道动力学特性变化非常慢，而此情景下相对动力学可以精确线性化（如第 3 章所示），因此可以使用线性 MPC，从而保证 MPC 在计算上执行的可行性。MPC 计算时间将是本章的主要考虑因素。此外，由于将其作为制导算法，因此所介绍的 MPC 算法将以较低的频率运行，这进一步提高了其实时计算的可行性。

4.1 节将介绍预测模型的动力学采样方法，这种方法可以解决大椭圆轨道的轨道动力学特性高度时变的问题；4.2 节将采用滚动时域策略的标准 MPC 方法应用于交会问题，说明该方法在交会问题中并不适用；相反，4.3 节将介绍有限时域策略，并说明该策略更适合于交会问题，因为该策略能实现燃料最优机动；4.4 节将介绍另一种变时域 MPC 方案，该方案可同时优化机动持续时间和燃料消耗；在 4.5 节中，本书探讨了被动安全问题，提出了两种新技术，以便有效满足可用于实时优化的约束条件；4.6 节考虑了摄动和扰动的存在，并提出了几种鲁棒实验技术，其中一些是在本书研究中首次提出的；最后，4.7 节展示了本章所提方法的仿真结果。作为大椭圆轨道的案例研究，本书考虑了欧洲航天局 PROBA – 3 交会实验任务[17]的条件，并在高保真工业模拟器中进行仿真。

4.1　预测模型和相对动力学采样

MPC 中所采用的预测模型，即 Yamanaka – Ankersen 状态转移矩阵[18]和 Ankersen 零阶保持器特解[19]，已在第 3 章中进行了介绍和推导，该模型给出了椭圆轨道上两个航天器之间笛卡儿坐标相对动力学的线性模型。与通常使用的脉冲 ΔV 模型相比，采用零阶保持器离散化控制模型，并考虑施加控制指令所需的时间长度，可使制导生成更真实的参考轨迹和控制曲线。另一方面，对于脉冲 ΔV 制导规划器来说，解必须被离散化为后验力曲线，这可能会产生误差。

正如第 1 章和第 3 章中提到过线性动力学模型[20,21]可以替换为包括 J_2 和大气阻力等摄动的模型[22,23]，或者基于相对轨道要素（relative orbital element，ROEs）的模型[24–27]。基于相对轨道要素的模型不基于笛卡儿坐标系，在引入 J_2 等环境摄动时相对简单，并且能够在较大的相对距离下保证精度[2]。D'Amico 等[28–30]提出了另一种 ROE 描述，该方法提供了给定近圆目标轨道下相对轨迹的几何描述，这有利于设计被动安全构型。最近，一些研究已经考虑了大气阻力和 J_2[31]摄动。最后，也有考虑限制性三体动力学的模型，即近直线晕轨道（near – rectilinear halo orbits，NRHOs）[32]。

不过，MPC 有一个特点，由于最优控制问题是基于实时数值计算的，该方法在模型方面具有良好的通用性，仅通过对状态模型矩阵进行简单更改，就可以将所选择的预测模型与另一个模型进行转换。因此，本书的绝大部分内容仍然适用于大多数其他可用的线性相对轨道动力学模型，选择 Yamanaka – Ankersen 方程作为预测模型也不失一般性。考虑碰撞安全和被动安全约束的场景是上述情况的例外，因为该场景无法直接适用于采用不同状态变量（如 ROEs）的情形。

无论选择哪种模型，都存在一个问题，即椭圆轨道的轨道动力学特性是时变的。例如，在欧洲航天局 PROBA – 3 任务[17]的条件下，近地点高度为 600km，轨道为大椭圆，偏心率为 0.8111，轨道周期约为 19.6h。如图 4 – 1 所示，尽管周期很长，但在短短 100s 内，航天器从近地点出发，其真近点角改变了 8.3°，而在相同条件下，从远地点出发的真近点角变化只有 0.091°。因此，该任务场景下，近地点附近轨道角速度比远地点快 100 倍，这将体现在相对运动的速度上。

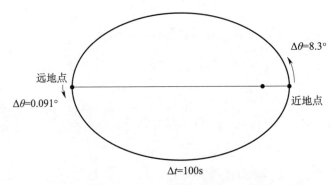

图 4 – 1   PROBA – 3 任务条件下轨道位置变化示意图

由于 MPC 的可用样本数量有限，且效果与预测时域的长度有关，而施加推力的位置又对轨迹的最优性很重要，因此必须沿着轨道适当分配样本，从而达到最佳性能。在 PROBA – 3 任务条件下，以恒定的时间间隔标准采样 100 个样本，可以得到如图 4 – 2 (a) 所示的结果。由于近地点轨道速度较高，远地点轨道速度较低，因此样本集中在远地点。这导致样本之间的真近点角间隔在近地点超过 50°，而在远地点不到 1°。

另一种方法是用恒定的真近点角对动力学进行采样。如图 4 – 2 (b) 所示，效果正好相反，现在样本集中在近地点，这种分配方法更好，而且不需要求解开普勒方程来得到真近点角和转移矩阵。然而，现采样方式下在远地点的样本太分散，采样间隔在远地点约为 4000s，在近地点是 40s。

最后一种方法是用恒定的偏近点角间隔对系统采样。如图 4 – 2（c）所示，该方法能够使采样点在空间上均匀分布。此外，远地点的时间间隔仍大于近地点，但差距不像以前那么大，远地点为 1250s，近地点为 170s。因此，这种方法较为合适，也将在本章中采用。请注意，在没有时间常数间隔的情况下对系统进行采样会对推力曲线产生影响，因为对零阶保持器进行离散化操作会导致每个采样间隔的推力都是恒定的，使得每次推力作用的持续时间都不同。在圆目标轨道下，动力学特性是时不变的，因此采用时间采样。由于机动可以持续长达几小时，采样周期通常非常大，因此零阶保持器离散化会导致较长时间的恒定推力施加时间，这是不可取的。但是可以将式（3 – 40）中特解中的推力施加时间设置为小于采样周期的值，从而产生部分零阶保持器离散化，本书中暂不采用这种方案。

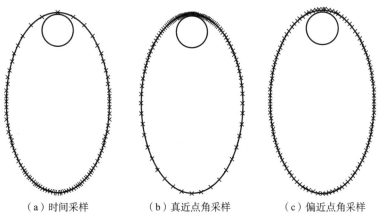

（a）时间采样　　　　（b）真近点角采样　　　　（c）偏近点角采样

图 4 – 2　PROBA – 3 任务条件下 100 个样本的相对动力学采样方法

4.2　滚动时域控制交会

MPC 最常见和最简单的描述是采用如式（2 – 12）所示的二次代价函数，以及标准的滚动时域策略。在没有状态和控制的约束情况下，MPC 描述变为

$$\min_{\substack{\bar{u}_0,\cdots,\bar{u}_{N-1} \\ \bar{x}_0,\cdots,\bar{x}_N}} \sum_{i=0}^{N-1} (\bar{x}_i - x_{\mathrm{ref}})^\top \boldsymbol{Q}(\bar{x}_i - x_{\mathrm{ref}}) + \bar{u}_i^\top \boldsymbol{R}\bar{u}_i + \tag{4-1a}$$

$$(\bar{x}_N - x_{\mathrm{ref}})^\top \boldsymbol{Q}_{\mathrm{f}}(\bar{x}_N - x_{\mathrm{ref}})$$

$$\mathrm{s.\,t.} \qquad \bar{x}_0 = x_t \tag{4-1b}$$

$$\bar{x}_{k+1} = A_k^{k+1}\bar{x}_k + B_k^{k+1}\bar{u}_k, \quad k = 0, \cdots, N-1 \qquad (4-1c)$$

其中，预测模型如式（3-47）所示。

本节将通过仿真说明，不作进一步改进的滚动时域策略不适用于交会问题，并说明如何逐步实现最佳方案。为了便于分析，考虑圆目标轨道，近地点高度为600km，与PROBA-3任务的近地点高度一致，追踪航天器为PROBA-3 Occulter（掩星）航天器，其发射质量为211kg。如图3-10和图3-11所示，考虑一个简单的30m V-bar轨道转移机动，通过相同条件下与理想脉冲机动进行比较来评估控制器的性能。表4-1列出了仿真中使用的控制器参数、执行机动所需要的速度增量ΔV和平均计算时间。在没有任何状态或控制约束的情况下，可以得到二次规划的解析解。

此外，由于面内和面外运动是解耦的，因此可以分别求解对应的MPC问题，这样每个问题的复杂度会降低。虽然在求解析解时，单独求解可以缩短计算时间，但在求数值解时，计算时间往往变得更长。另外，如果存在与两种运动都相关的约束条件（比如碰撞规避和被动安全约束），这种分开求解的方式很难实现。

表4-1　采用滚动时域二次MPC的V-bar转移机动仿真的控制器参数和结果

图	$T_s/$s	N	R	Q	Q_f	ΔV	t_{av}/μs
4-3	1	10	I_3	$100I_6$	$100I_6$	6.77（m/s）	40
4-4	1	10	I_3	I_6	I_6	1.41（m/s）	39
4-5	100	10	10^6I_3	I_6	I_6	111（mm/s）	50
4-6	290	20	I_3	0	$100I_6$	5.27（mm/s）	70

4.2.1　短时域

在第一次仿真中，采样周期设置为1s，每10次采样为一个预测时域，即预测时间为10s，这比轨道运动的时间要短得多，因为轨道周期约为96min。如图4-3所示，由于采用了较大的状态加权矩阵，导致整个机动过程在大约60s内以直线完成。整个机动过程需要6.77m/s的ΔV和远超小型航天器能力的推力。相比之下，根据式（3-52）计算，理想的V-bar转移机动需要总的速度增量ΔV为3.45mm/s，消耗的燃料减少了近2000倍。另一方面，理想的机动需要一个轨道周期才能完成，但由于航天器的燃料极为有限，且为了利用相对动力学，因此这是交会机动的标准参考时间时限。

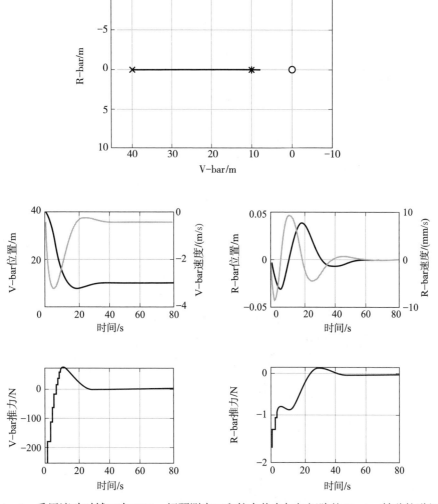

图 4 - 3　采用滚动时域二次 MPC、短预测窗口和较大状态加权矩阵的 V – bar 转移轨道机动

　　为了减小机动的速度增量 ΔV，可以减小 $\boldsymbol{Q}$ 和 $\boldsymbol{Q}_f$ 的值，从而使控制器的运行速度变慢，并减少燃料消耗。然而，如图 4 - 4 所示，系统在当前工况下更容易受到卫星自然漂移的影响，导致其无法收敛到参考点上。这是因为控制器的预测时域只有 10s，因此无法预测长时间轨道漂移的影响，而代价函数又限制了对自然漂移做出反应的能力。

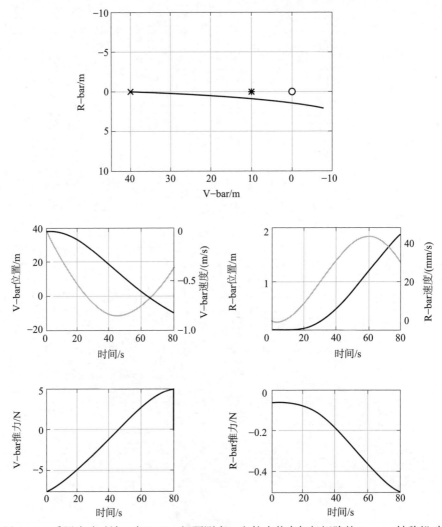

图 4 - 4　采用滚动时域二次 MPC、短预测窗口和较小状态加权矩阵的 V - bar 转移机动

4.2.2　长时域

为了克服上述缺点，预测窗口增加至和轨道周期相当的数量级。然而，由于增加预测窗口会显著增加计算时间，因此采样周期增加到 100s，从而使控制器能够获得 1000s 的预测。如图 4 - 5 所示，追踪航天器的推力幅值较小，但由于其预测性能得到了改善，能够利用相对运动更好地收敛到参考值。尽管参考位置仅在 V - bar 上相对于初始位置有所偏移，但上述特征也在当前大量的 R - bar 运动中有所体现。此时的速度增量 ΔV 为 111mm/s，虽然有显著改善，但仍然未达到理想值。

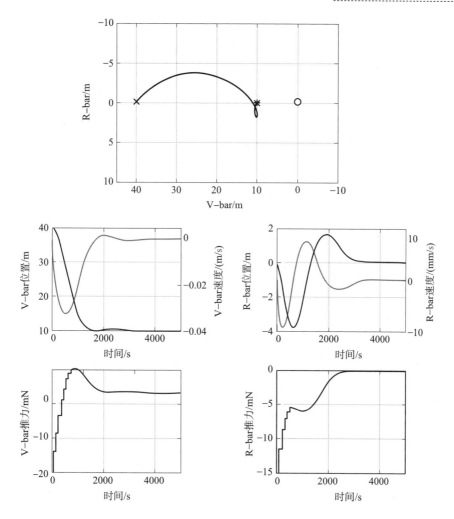

图 4-5　采用滚动时域二次 MPC 和长预测时域的 V-bar 转移机动

4.2.3　零态拉格朗日

如果不考虑状态拉格朗日（Lagrange）代价函数（$Q=0$），即允许航天器在机动中途不在参考状态，就可以让控制器更好地提前规划，从而提高性能。此外，为了再现理想的 V-bar 转移机动，需要选择合适的采样时间，使得预测窗口正好是一个轨道周期。为了避免采样时间过长，可以增加预测时域 N。

如图 4-6 所示，虽然航天器无法在一个轨道周期内到达参考点，但其轨迹与理想机动的轨迹相似，而且在最后的抵近过程中，航天器绕着参考点转圈，越来越近，但始终无法到达参考点。这是由滚动时域策略造成的，由于预测时域每次采样都会向前滑动，被跟踪的状态总是相隔一个轨道周期，因此控制器永远不会发出达到参考状态的控制指令。因此，需要一种不同的策略。

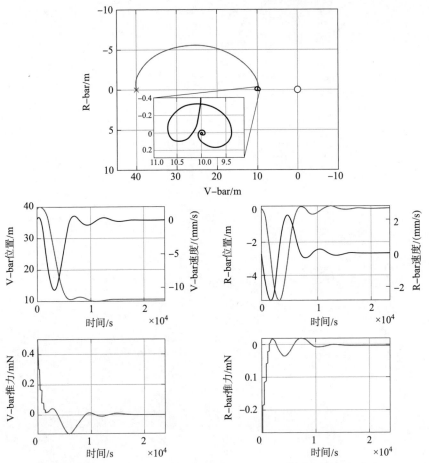

图 4 - 6　采用滚动时域二次 MPC、长预测时域和无拉格朗日状态代价函数的 V - bar 转移机动

4.3　定时域模型预测控制

　　滚动时域策略的一个替代方法是减小每个样本的预测时域，使其边缘始终处于同一时刻，这一过程被称为定时域（fixed - horizon，FH）MPC[3]。这样，再加上采用终端状态代价函数，无需拉格朗日状态代价函数就能在指定时间内完成机动，进而使控制器生成理想的最佳机动。表 4 - 2 给出了仿真涉及参数的取值。通过仿真可以发现，由于预测时域减小，每次采样的计算复杂度都会降低，因此表 4 - 2 中展示的是最不理想的情况，而不是平均情况。

表 4 - 2　使用定时域 MPC 进行 V - bar 转移机动仿真的控制器参数和结果

图	T_s/s	N	R	Q	Q_f	u_{max}	$\Delta V/$ （mm/s）	t_{max}
4 - 7	290	20	I_3	0	$100I_6$	—	7.61	121μs
4 - 8	290	21	—	—	—	—	3.45	7.97ms
4 - 9	58.0	100	—	—	—	1mN	4.68	9.40ms

在与图 4 - 6 所示的仿真相同的条件下，采用定时域策略得到的结果如图 4 - 7 所示。从图中可以观察到，虽然消耗的速度增量 ΔV 仍比理想机动情况下大两倍多，

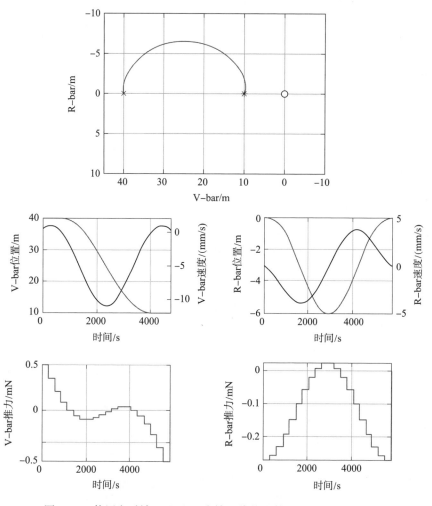

图 4 - 7　使用定时域 MPC 和二次输入代价函数的 V - bar 转移机动

但实际轨迹与理想机动下的轨迹非常相似，且系统正好在一个轨道周期内到达参考点。这是由于输入变量采用了二次型代价函数，导致代价函数与 ΔV 并不成正比，该参数与输入力的绝对值成线性关系。这也导致了连续的控制动作，而不是像理想变轨操作那样只施加二次变轨脉冲。

4.3.1 燃料优化线性规划公式

虽然终端状态代价函数是二次函数，但为了获得燃料最优轨迹，输入代价函数仍须采用 l_1 – 范数，而不是二次函数。这与 2.2.4 节中讨论的 LASSO 代价函数类似，其中 $R=0$，$R_\lambda = I_3$。但是，由于加入了 l_1 – 范数项，优化问题的复杂性大大增加，该问题已经超出了二次规划的范畴。

为了简化优化问题，现修改预测模型，将输入力分成正负两个部分，即

$$F = F^+ - F^- \tag{4-2}$$

通过扩展 B 矩阵，从而将输入矢量扩展为

$$u = \begin{bmatrix} F_x^+, & F_x^-, & F_y^+, & F_y^-, & F_z^+, & F_z^- \end{bmatrix}^\top \tag{4-3}$$

这增加了优化变量的数量，不利于优化，但现在每个输入变量只能取正值，即其绝对值等于自身。因此，可以舍弃 l_1 – 范数，问题描述变为

$$\min_{\substack{\bar{u}_0,\cdots,\bar{u}_{N-1} \\ \bar{x}_0,\cdots,\bar{x}_N}} \quad (\bar{x}_N - x_{\text{ref}})^\top Q_{\text{f}} (\bar{x}_N - x_{\text{ref}}) + \sum_{i=0}^{N-1} \Delta t_i \boldsymbol{1}^\top \bar{u}_i \tag{4-4a}$$

$$\text{s. t.} \qquad \bar{x}_0 = x_t \tag{4-4b}$$

$$\bar{x}_{k+1} = A_k^{k+1} \bar{x}_k + B_k^{k+1} \bar{u}_k, \quad k = 0,\cdots,N \tag{4-4c}$$

$$\bar{u}_k \geq 0, \quad k = 0,\cdots,N-1 \tag{4-4d}$$

这也是一个二次规划问题，其中 $\boldsymbol{1}$ 为 1 的列矢量。要注意，输入变量的权重是采样时间间隔 Δt，在动力学采样时间间隔不固定的情况下，这对于获得燃料最优公式至关重要，因为 ΔV 与推力器的开机时间成正比。此外，约束条件式 (4-4d) 确保该描述等价于采用 l_1 – 范数的描述，因为该式约束了每个输入力分量等于或大于零。

采用终端状态约束条件，而不采用终端状态代价函数，可以进一步简化问题，从而将问题转化为一个可以快速求解的线性规划

$$\min_{\substack{\bar{u}_0,\cdots,\bar{u}_{N-1} \\ \bar{x}_0,\cdots,\bar{x}_N}} \quad \sum_{i=0}^{N-1} \Delta t_i \boldsymbol{1}^\top \bar{u}_i \tag{4-5a}$$

$$\text{s. t.} \qquad \bar{x}_0 = x_t \tag{4-5b}$$

$$\bar{x}_{k+1} = \boldsymbol{A}_k^{k+1} \bar{x}_k + \boldsymbol{B}_k^{k+1} \bar{u}_k, \quad k = 0, \cdots, N \tag{4-5c}$$

$$\bar{u}_k \geqslant 0, \quad k = 0, \cdots, N-1 \tag{4-5d}$$

$$\bar{x}_N = x_{\text{ref}} \tag{4-5e}$$

这组描述的另一个优点是，一旦确定了机动持续时间，就无须调整控制器参数，而且在没有扰动的情况下，控制器将始终达到参考状态，不会出现静态误差。又由于代价函数只包含一个与 ΔV 成线性比例的项，且优化问题是凸性的，因此这种计算方法可以保证在指定的转移持续时间内始终生成燃料最优轨迹。采用强终端约束的缺点是，考虑到约束条件和预测时域的长度，优化问题可能会无法求解，特别是在定时域 MPC 策略中，预测时域会减少，直到只有一个采样点。不过，如果不考虑扰动和摄动，并且之前的迭代是可行的，那么问题也可求解，这将在 4.6 节中讨论。

图 4-8 中仿真结果显示了将燃料最优线性定时域 MPC 公式应用于单轨道 V-bar 转移的结果。从图中可以看出，该机动仅通过两个水平方向的推力动作来完成，类似于图 3-11 中的理想脉冲机动。此外，所用的总 ΔV 与理想机动中的大致相同，这也验证了这种设计可以实现燃料最优。需要注意的是，为了获得这个精确的 ΔV 值，机动持续时间必须比轨道周期多一次采样，来计算执行最后一次制动输入动作所需的时间。

4.3.2　控制饱和

限制每个航天器推力器的最大推力，约束条件式（4-5d）变为

$$u_{\max} \geqslant |\bar{u}_k^i| \geqslant 0, \quad i \in [1, 2, 3] \tag{4-6}$$

其中，$u_{\max} \in \mathbb{R}^6$ 为每个推力器的最大推力。请注意，在此约束条件下，每个方向的最大推力是独立的。但如果航天器不具备全向推力，则对总推力矢量的幅值进行约束更为合适，虽然这无法通过线性约束来实现。在参考文献［33］中，利用了这种更实际的约束，将优化问题转化为二阶锥规划（second-order cone program）。然而，如果要使用更简单的约束，则 $u_{\max}$ 必须小于可能的最大物理推力（在本节中也将如此，以保持优化问题为线性规划），这是一种次优方法，因为推力器的能力没有得到充分利用[4]。在本书研究中，假设追踪航天器推进系统具有全向推力（通常是这种情况），并且其在 LVLH 坐标系下的姿态保持不变，从而使约束条件式（4-6）能够模拟实际情况下航天器推力器的限制。

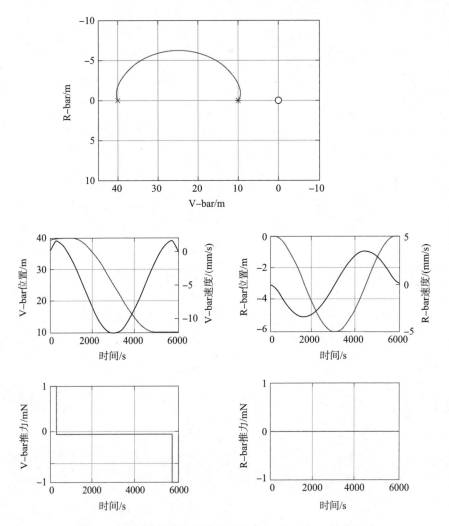

图 4 - 8　采用燃料优化线性定时域 MPC 的 V - bar 转移机动

在图 4 - 9 所示的仿真中，增加了预测时域，并为每个推力器添加了 1mN 的最大推力限制，因此可以观察到初始和最终控制动作现在出现在不止一个采样周期内。此外，ΔV 与之前的仿真相比略有增加，这是因为推力器能力受到了限制。最后，从表 4 - 2 中可以看出，尽管预测时域增加了 5 倍，并增加了更多的约束条件，但计算时间只增加了约 18%，这是因为此时优化问题为线性规划问题，可以快速求解。综上，本次仿真证明了这种控制方法可以生成燃料最优轨迹，类似于已经用于规划交会任务的轨迹，并且能够实时高效地生成这些轨迹。

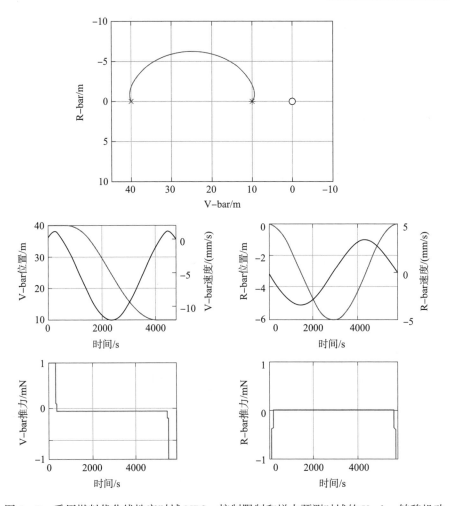

图 4 - 9　采用燃料优化线性定时域 MPC、控制限制和增大预测时域的 V - bar 转移机动

4.4　变时域模型预测控制

前面优化了在预先规定的转移持续时间内机动所需的燃料。然而，优化机动持续时间也是可取的。这就需要将预测时域 N 作为一个整数优化变量进行优化，因此称作"变时域"（variable - horizon，VH）MPC，其描述如下

$$\min_{\substack{\bar{u}_0, \cdots, \bar{u}_{N_{\max}-1} \\ \bar{x}_0, \cdots, \bar{x}_{N_{\max}} \\ N \in \boldsymbol{N}}} \gamma N + \sum_{i=0}^{N_{\max}-1} \Delta t_i \boldsymbol{I}^\top \bar{u}_i \tag{4-7a}$$

$$\text{s. t.} \qquad \bar{x}_0 = x_t \tag{4-7b}$$

$$\bar{x}_{k+1} = \boldsymbol{A}_k^{k+1}\bar{x}_k + \boldsymbol{B}_k^{k+1}\bar{u}_k \qquad (4-7\mathrm{c})$$

$$0 \leqslant \bar{u}_k \leqslant u_{\max}, \quad k = 0,\cdots,N_{\max} - 1 \qquad (4-7\mathrm{d})$$

$$\bar{x}_N = x_{\mathrm{ref}} \qquad (4-7\mathrm{e})$$

$$1 \leqslant N \leqslant N_{\max} \qquad (4-7\mathrm{f})$$

其中，$N_{\max}$ 为预测时域的上界。预测时域也被添加到代价函数中，因此参数 γ 用于调整转移时间和燃料消耗之间的平衡。如果 $\gamma = 0$，解就是在预测时域内使燃料消耗最小的机动持续时间；对于在圆目标轨道上的简单机动，解通常会在 $N_{\max}$ 处得到，而对于更复杂的机动和椭圆目标轨道，情况往往并非如此。约束条件式（4-7e）现在变成了非线性形式，因为该式将一个优化变量与另一个变量进行了索引。因此该问题成为一个混合整数非线性规划，求解时计算成本很高。

Richards 和 How[34] 首次提出了将这一问题转化为混合整数线性规划（mixed-integer linear programming，MILP）的方法，并在参考文献［3］中将其应用于交会问题。如果机动在时刻 k 已完成，变量 v_k 为 1，否则为 0，因此

$$\sum_{k=1}^{N_{\max}} v_k = 1 \qquad (4-8)$$

变量 p_k 在机动未完成时的值为 1，完成后为 0，因此，可以得到

$$\sum_{k=1}^{N_{\max}} p_k = N \qquad (4-9)$$

这两个变量的关系可以由下式表示

$$p_{k+1} = p_k - v_{k+1} \qquad (4-10)$$

根据上述，如果机动在 $k+1$ 时刻完成，则 $v_{k+1} = 1$，$p_{k+1} = 0$，$p_k = 1$。根据上述，变时域 MPC MILP 优化问题可描述为

$$\min_{\substack{\bar{u}_0,\cdots,\bar{u}_{N_{\max}-1} \\ \bar{x}_0,\cdots,\bar{x}_{\max} \\ p_0,\cdots,p_{N_{\max}} \in \{0,1\} \\ u,\cdots,u_{N_{\max}} \in \{0,1\}}} \gamma \sum_{i=0}^{N_{\max}} p_i + \sum_{i=0}^{N_{\max}-1} \Delta t_i \boldsymbol{1}^\top \bar{u}_i \qquad (4-11\mathrm{a})$$

$$\mathrm{s.\ t.} \quad \bar{x}_0 = x_t \qquad (4-11\mathrm{b})$$

$$\bar{x}_{k+1} = \boldsymbol{A}_k^{k+1}\bar{x}_k + \boldsymbol{B}_k^{k+1}\bar{u}_k \qquad (4-11\mathrm{c})$$

$$0 \leqslant |\bar{u}_k| \leqslant u_{\max}, \quad k = 0,\cdots,N_{\max} - 1 \qquad (4-11\mathrm{d})$$

$$-(1-v_k)h \leqslant x_k - x_{\mathrm{ref}} \leqslant (1-v_k)h \qquad (4-11\mathrm{e})$$

$$p_{k+1} = p_k - v_{k+1}, \quad k = 0,\cdots,N_{\max} - 1 \qquad (4-11\mathrm{f})$$

$$p_{N_{\max}} = 0 \tag{4-11g}$$

$$\sum_{k=1}^{N_{\max}} v_k = 1 \tag{4-11h}$$

注意，因为有式（4-9）中的关系，最优预测时域不再隐含在代价函数中，而是 p 变量的总和。此外，式（4-8）和式（4-10）分别作为优化约束条件包含在式（4-11h）和式（4-11f）中，强制要求动作至少在最大预测时域结束时完成。最后，式（4-11e）中的终端状态约束是一个不等式约束，其中参数 h 为一个足够大的数字。因此，$1-v_k$ 项可以触发终端约束：在机动完成时，v_k 为 1，该项为 0，这样线性不等式的边界变得紧凑，终端状态约束变为有效；反之，该项为 0，边界将非常宽松，从而导致约束失效。

由于 MILP 问题更难求解，因此这种情形的计算负荷比定时域 MPC 更大。在实时场景下，最好通过离线计算预先确定机动持续时间，然后使用定时域 MPC 公式。不过，正如参考文献［10］所提出的，离线确定机动持续时间可以通过使用变时域 MPC 公式以最优方式进行。由于受到扰动，最佳转移时间可能会在途中发生微小变化，但离线确定时间仍有望保持近似最佳状态。如 4.6 节中将讨论的那样，在线使用变时域 MPC 方案的优势在于其满足任务需求的鲁棒性。在线使用时，如果要在随后的迭代中保持从初始时刻开始计算的最大机动持续时间，那么 $N_{\max}$ 应该每个时刻递减一次；否则，控制器可能会偏离初始轨迹，并将机动时间延长到初始最大终端时刻之后，以减少燃料消耗。

参考文献［10］中，作者对变时域 MPC 框架进行了扩展以执行多步的机动，每个子机动的持续时间采用整数线性规划离线优化，同时求解。生成的多步机动将作为一组定时域 MPC 机动在线执行。

4.5　被动安全

设计标称轨迹时，需要确保航天器之间不会发生碰撞，但在交会飞行任务设计中，还要确保规定时间内，轨迹中任意一点的自由漂移运动不会发生碰撞。这样设计出的轨迹可确保在推力器无法点火的情况下，两个航天器不会因自然漂移而发生碰撞，这就是所谓的被动安全。此外，如果出现其他需要终止交会的故障，可以直接关闭航天器推力器，这样就不会出现碰撞风险。图 4-10 说明了设计被动安全交会轨道的必要性，在一个 V-bar 方向上的转移机动中，一旦最后推力失效（图中 ＊ 点处），航天器在漂移一个轨道周期后就会和目标航天器发生碰撞。

通常情况下，实现被动安全轨迹设计需要选择具有良好被动安全性能的特定机动类别。例如，如图 4 – 10 所示，如果采用径向脉冲而不是水平脉冲，标称轨迹将与图 3 – 10 类似，而自由漂移失败轨迹将与图 3 – 6 类似，在半个轨道周期后返回初始位置，从而避免在无限时域中发生碰撞。确保被动安全轨迹通常以增加燃料消耗为代价；在上一个例子中，径向脉冲机动所需的 ΔV 是水平脉冲机动的 4 倍多。

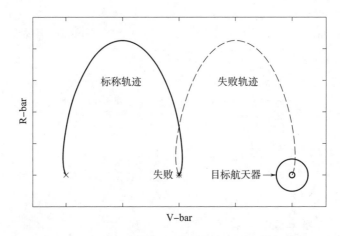

图 4 – 10　V – bar 转移机动中的被动安全问题示意图

对于 MPC 交会，可将被动安全设计作为约束条件纳入优化问题。通常的做法是将标称轨迹和失败轨迹中的离散状态限制在目标航天器或其安全区域之外。这样，每种不同的失败轨迹都会有一个单独的障碍物约束。接下来首先将详细说明如何为标称轨迹制定一般的避障约束，然后将其扩展到失败轨迹，以描述被动安全约束。

4.5.1　非线性优化避障

制定避障约束最直接的方法是直接将状态约束在障碍物所定义的区域之外。由于这约束了状态空间的连通区域，因此可行集变得非凸。这些避障约束会导致优化问题中出现非线性约束，使得优化问题难以求解，并引入不同的局部极小值。

例如，对于图 4 – 11 所示的圆形障碍物，需要 N 个非线性优化约束，避障约束条件变为

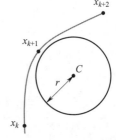

图 4 – 11　具有非线性约束的圆形物体避障示意图

$$\| x_k - c \|^2 \geqslant r^2, \quad k = 1, \cdots, N \tag{4-12}$$

参考文献［35］和［36］中采用序列二次规划方法（sequential quadratic programming，SQP）解决了这一问题。然而，由于被动安全约束的存在，非线性优化约束的数量急剧增加，这极大地影响了计算性能，并引入了显著的非凸性，因此很可能无法实时使用这种方法。

另一种制定避障约束的方法是使用线性障碍约束和辅助二值优化变量，从而将问题转化为 MILP 问题[37]，这样每次只有一个约束有效。尽管 MILP 具有更好的性质，但无法在多项式时间内求解，而且随着失败轨迹的加入，其复杂性也会急剧增加，因此也可能无法实时执行。

4.5.2　线性优化避障

另一种避障方法是纯线性优化。在参考文献［38］中，障碍物约束被替换为一个排除障碍物的凸集，但在预测过程中保持不变。这种方法往往不可行，因为这种情况下轨迹不允许绕过障碍物，必须位于更为保守的区域内，否则会导致 ΔV 显著增加。

另一种方法是使轨迹中的状态满足下面的线性不等式约束

$$D_k x_k \leqslant b_k, \quad k = 1, \cdots, N \tag{4-13}$$

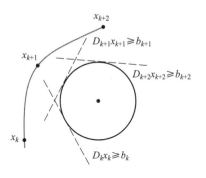

来与原障碍物相切，如图 4 - 12 所示。线性约束必须在优化之前确定。此外，每次的状态现在都受到更保守的约束，这可能会影响轨迹的最优性。另一方面，优化问题又变成了线性规划问题，可以更高效地求解。

目前文献中用于确定线性约束 $D_k x_k \leqslant b_k$ 的方法是将约束随时间绕障碍物旋转[4-5,8,39]，其旋转速率是必须离线优化的控制器参数。但这

图 4 - 12　带有线性约束的避障示意图

种方法并不适合用于被动安全问题，因为每个失败轨迹都需要不同的自转速率，而且必须同时进行优化。

另一方面，线性约束条件完全覆盖了障碍物，这意味着在优化过程中始终满足原始约束条件。不过，在扰动作用于系统后，可能会出现违反约束的情况，这个问题将在 4.6 节中讨论。

4.5.3　序列线性规划避障

本书在前面内容的基础上提出了另一种满足避障约束的方法，这种方法更易于应用，因为该方法无须调整参数。不过，该方法需要对一组而非一个线性规划问题进行在线求解。

首先，求解没有任何避障约束的问题，在这种情况下，自然会出现违反避障约束的情况。其次，如图4-13（a）所示，确定与障碍物相切并面向轨迹中每个离散状态的平面。然后，将切平面作为线性约束进行第二次线性规划求解，结果如图4-13（b）所示。现在的飞行轨迹虽然避免了碰撞，但与障碍物的飞行距离较远，因此过于保守。接下来可以重复这一过程，利用该轨迹再次确定另一次线性规划优化的线性约束条件。该算法得到图4-13（c）所示仿真轨迹，与非线性优化得到的轨迹非常相似。

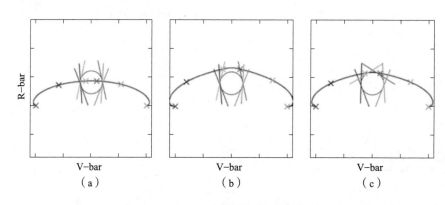

图4-13　利用线性约束迭代优化确定线性避障约束的方法示意图

因此，可以通过一系列纯线性优化来实现避障。但在某些情况下，由于存在强终端约束，第一次无约束优化所确定的线性约束可能会使可行域为空（见4.7.3节）。在一些研究中，这一问题可以通过虚拟控制技术等方法来解决[40]，但本书研究并不涉及。此外，在非线性障碍物约束问题中，目前还无法保证轨迹收敛到局部最小值，这将是未来工作的主题。尽管无线性化障碍物约束的问题是有界的，但线性规划无界的可能性也要考虑到；在未来的研究中将着重探究该问题形式上的证明。

此项技术被称为"序列线性规划避障"（obstacle avoidance with sequential linear programming，OASLP），算法4.1总结了这一策略，停止的收敛标准可以是某次迭代前后轨迹变化在设定的范围内。在线使用OASLP技术是可行的，因为该技术只涉及线性优化。

算法 4.1　序列线性规划避障算法流程
1　求解无障碍约束的优化问题
2　**重复**
3　　　确定轨迹中各点与障碍物相切的平面
4　　　求解以切平面为线性约束的优化问题
5　**直至轨迹收敛**

该算法的理念和典型的非线性规划的序列线性规划（sequential linear programming，SLP）和 SQP 算法[41]类似，每个子问题都是原始问题的凸逼近。主要区别在于，当前方法中，每个线性化的子问题优化原始问题变量，SLP 和 SQP 算法在每次迭代时优化信赖域内的搜索方向。因此，OASLP 方法更类似于最优控制的连续凸化[40]或序列凸规划[42]算法，其具有一阶约束近似，专门用于避障约束。由于没有障碍物约束的原始线性规划的解一定是有界的，因此不需要信赖域，上述方法利用信赖域来防止无界性。

4.5.4　被动安全约束

在制定交会被动安全约束时，采用 Breger 和 How[38]首次提出的预测模型传播失败轨迹，然后使用前面章节中提出的相关方法进行约束。如图 4 – 14 所示，如果在 k 时刻推力器完全失灵，则由此生成的自由漂移失败轨迹 x_{F_k} 为

$$x_{F_{k,t}} = A_k^t x_k, \qquad t > k \tag{4-14}$$

其中，A_k^t 为从时刻 k 到时刻 t 的动力学矩阵。

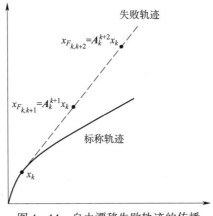

图 4 – 14　自由漂移失败轨迹的传播

被动安全约束可表示为

$$x_{F_{k,t}} \notin \text{obstacle} \ \text{障碍}, \quad k \in \{1, \cdots, N\}, \quad t \in \{k+1, \cdots, k+S\} \quad (4-15)$$

这里考虑了从 $k+1$ 到 $k+S$ 中所有离散时刻（共 S 个样本）的失败轨迹，其中 S 为安全时域。这可以看作是一种优化截断策略，如 2.4 节所述，其中超过控制范围的控制动作和控制范围内最后一步控制动作保持一致。

从式（4-15）可以看出，在 $k=1$ 时刻进行优化时，会考虑并约束 $k=N$ 时刻的失败轨迹，这比较保守；但这种方法可以让控制器立即生成更精确的轨迹，避免后期再进行修正。不过，这种方法需要 $N \times S$ 的优化约束，计算量很大，因此需要高效的实现方法，例如，4.5.3 节中介绍的 OASLP 方法。如果使用这种方法，每个失败轨迹都将有自己的线性约束集。此外，标称轨迹避碰还需要额外的 N 个约束条件。降低在线计算复杂度的一种方法是，在每次优化时检查是否有失败轨迹离违反约束条件有较大阈值，或由于在某些点处未进行脉冲机动而与其他轨迹叠加，如果存在下一次优化时移除与这些轨迹相关的约束条件。本书未采用这一策略，但将在今后的工作中加以探讨。

请注意，这种方法不考虑推力器在 ΔV 过程中的故障，只假定推力器一开始就没有点火。大多数情况下，这些类型的故障也会被包括在内。由于 MPC 是在离散时间下运行的，因此不可能在每个连续时间时刻都考虑中途推力器故障，可以将一些额外的离散中间点考虑进来，但这样会使计算更复杂。

以离散时间运行的另一个缺点是，在整个连续轨迹中，只有离散时间点的状态被约束在障碍物之外，如果采样间隔时间过长，可能会导致碰撞。可以通过缩短采样时间或加入额外的中间采样来尽量减少碰撞发生的可能性，但这两种方法的代价都是增加计算时间。参考文献［43］中提出的另一种方法可以将优化问题转化为半正定规划问题，从而在连续时间内对轨迹进行约束。这种方法的代价也是增加计算时间，但能很好地解决碰撞问题。

最后，这种方法还有一个局限：该方法只能保证有限时域 S 内的被动安全。这对于大多数情况来说是足够的，因为地面操作人员拥有足够的时间在发生故障时做出相应的反应。不过，有时可能需要在无限时域内实现被动安全。在参考文献［38］中，通过如下约束强制所有失败轨道都相对于目标不变来实现无限时域内的被动安全

$$x_{F_{k,k}} = A_k^{k+N_0} x_{F_{k,k}}, \quad k \in \{1, \cdots, N\} \quad (4-16)$$

其中，N_0 为轨道中的样本数。但是，这可能会对问题造成过多约束，使问题变得

无法求解，在参考文献［38］中，只对非常近距离的机动和圆目标轨道进行了测试。和这一主题相关的另一个有趣的问题是编队队形保持，这需要对失败轨迹进行优化，以防止航天器漂移得太远。

4.6　鲁棒交会

在真实的交会任务场景中，有许多干扰源，制导与控制（guidance and control，G&C）系统必须具有鲁棒性。首先是建模误差，因为使用的预测模型是真实动力学的线性化。而且这一近似值来自一个非线性模型，该模型假定中心体的重力场是均匀的，但由于行星实际上是扁球体，重力场并不均匀，会产生对地球卫星产生最大影响的 J_2 摄动这是建模的一个重要摄动。

相对导航传感器和算法会计算追踪航天器相对于目标的位置误差，航天器绝对位置的导航不确定性也会产生误差，从而用于预测模型的轨道参数存在误差。另一个较大的干扰是推力器误差，该误差是推力器动作不精确所导致的；此外航天器方位误差和推力器安装错位会导致方向误差；定时不精确会导致推力施加时间存在误差。通常情况下，航天器推力器只有开和关两种状态，无法提供中间大小的推力。因此，中间推力指令是通过脉宽调制（pulse width modulation，PWM）来执行的，这是预测与实际不匹配的另一个原因，除非对其进行建模。此外，由于打开推力器阀门存在延迟，通过 PWM 可产生的推力值也有一个最小值，这也可能会产生建模误差。

最后，作用在航天器上的外力是另一个扰动源，如大气阻力、太阳辐射光压或其他大质量天体（如月球）的引力效应。不过，这些外力对两个航天器都有影响，因此只有力的差异才会对相对位置产生扰动，尽管绝对力会随着时间的推移改变航天器的轨道。

对这些扰动的鲁棒性不仅意味着系统能保持稳定，还意味着它仍能在大约规定的机动时间内准确地收敛到参考值，并且 ΔV 不会显著增加，本书称之为鲁棒性能。此外，还必须保证不因扰动而违反状态约束，如被动安全，这就是所谓的鲁棒约束满足。最后，扰动往往会将系统推向使最优控制问题不可求解的状态，因此控制器必须具有鲁棒可行性。

MPC 本身具有一定的稳定性和鲁棒性，这是因为 MPC 是一种闭环控制策略[44]。这种方式在某些任务场景下即可满足任务需求，但通常必须采用鲁棒策略来提高性能，并确保不会因扰动而违反状态约束条件。一般的鲁棒 MPC 有几种鲁棒策略，如 Min – Max Feedback MPC[45] 和 Tube – MPC[46]，不过这些策略通常难以实时实施。关于鲁棒 MPC 的更多信息，请参考 Rawlings 等的文章[44]。在介绍本书贡献之前，首先回顾文献中专门针对 MPC 交会提出的一些鲁棒策略。

4.6.1 鲁棒技术综述

在早期的交会鲁棒技术中，参考文献［47］扩展了线性规划描述并考虑了初始条件的不确定性，同时优化了多种初始状态的轨迹。该技术通过包含差分阻力的非线性仿真进行了测试，虽然比非鲁棒控制器有所改进，但过于保守，所需的 ΔV 远远大于无摄动情况下的 ΔV。此外，该研究没有考虑任何约束条件。

参考文献［3］采用了不同的方法，扩展了变时域 MPC 描述，使其在任意未知但有界的扰动存在时具有鲁棒性。此外参考文献［3］采用了变时域策略，解决了定时域 MPC 在机动结束时，当预测时域较短时容易出现的终端约束不满足问题。此外，变时域方案还扩展了后两个时间步的修正控制决策，这两步的修正控制决策受扰动边界的限制。这种两步扰动修正保证了如果问题在当前时间步可行，那么在下一个时间步也将可行，从而实现鲁棒可行性。此外，校正时间步还能确保在任意扰动下，状态都能在两步内收敛到标称轨迹，从而实现鲁棒稳定性。这种方法的缺点是只考虑有界加性扰动，而且需要使用 MILP 方法进行求解，难以实时实现。此外，参考文献［3］所提的鲁棒策略一次仿真所需的燃料大约是标称燃料的 2 倍，而且没有解决鲁棒约束满足问题。

参考文献［48］考虑了有界未知的导航误差，提出了一种基于 Tube – MPC 框架的反馈 MPC 策略技术，此时决策变量不再是控制动作，而是反馈策略，类似将仿射控制律进行参数化。每一步的状态不确定性以椭圆集的形式传播，最优控制问题变成了终端不确定性集的最小化问题，从而将其转化为凸圆锥优化问题。使用反馈 MPC 的优势在于可以离线确定完整机动流程，在线工作仅需计算小扰动修正项，通过简单的代数计算即可完成。然而，该方法并没有对基于此得到的控制器的燃料最优性进行评估，也没有考虑无法计算边界的更复杂扰动。此外，由于只包含了控制饱和约束，因此没有解决鲁棒约束满足问题。同样基于 Tube – MPC 的其他鲁棒方法还可参阅参考文献［49］和［50］。

参考文献［51］中考虑了发射时间和方向的有界执行误差。终端状态约束被一个凸多面体集取代，其维数作为决策变量，对凸多面体集的维数进行最小化，从而保证包含终端状态，同时考虑了有界误差导致的不确定性传播。假设终端多面体是平行多面体，将方向误差的影响线性化，并引入几个辅助优化变量，就可以将问题表述为线性规划问题。其中包含一个燃料预算约束以限制推进剂的消耗，但由于代价函数只包含终端集合的维数，因此该公式并不一定是燃料最优的。此外，虽然进行了包括 J_2 摄动和大气阻力摄动在内的非线性动力学仿真，但没有考虑推力器的幅值误差和导航误差。而且这种方法与参考文献［48］中的方法不兼容，因为两者的计算公式截然不同。

参考文献［4］介绍了一种仅依赖 MPC 固有鲁棒性的方法，即采用二次代价函数和滚动时域策略进行面内接近机动。结果表明，该控制器对高达 ±25% 幅度和 ±45% 方位的大驱动扰动，以及太阳光压和大气阻力摄动都具有鲁棒性。虽然作者没有对燃料消耗进行分析，但由于所生成的轨迹类似于直线接近，即显著的非稀疏机动，因此燃料消耗明显高于理想的稀疏机动。此外，由于没有考虑导航误差，也没有解决鲁棒约束满足问题。参考文献［8］对这项工作进行了扩展，将面外运动和障碍物约束考虑进来，并为飞行任务的交会和对接阶段分别设计了控制器，其中第一种控制器还引入了参考管理器。所生成的机动过程所需的 ΔV 可能比在圆轨道上进行这些中距离机动所需的 ΔV 要高出几个数量级。本书认为，用于交会的鲁棒MPC 控制器应基于有限时域策略，其代价函数与 ΔV 成比例，如 4.3 节所述。

解决鲁棒约束满足问题的一种有效方法是约束压缩法[52]，即沿时域压缩状态约束的边界，以考虑可能将系统推向不可行域的扰动。这种方法的最大优点是保留了原始问题的复杂性。不过，压缩后的约束条件可能会变得过于保守，从而影响性能并导致问题不可求解。Breger 等[6]在交会应用中使用了这一技术，通过预选反馈无势控制法传播不确定性集，并给定有界导航扰动，通过计算原始约束区域与不确定性区域之间的庞特里亚金（Pontryagin）差值，从而确定压缩约束。然而，这种方法对时变动力学和无约束扰动情况均不适用。

参考文献［7］和［32］提出了一种概率约束收缩方法，称为"机会约束MPC"，文中假定所有扰动都是高斯扰动，并且是实时估计的。然后，考虑到扰动带来的不确定性，对约束边界进行调整，保证以指定概率满足原始约束。虽然许多扰动在本质上并不具有相加性，但这种方法在模拟非线性动力学、推力幅值和方向误差，以及未建模的偏心率时表现出良好的性能，其中考虑的状态约束条件表现为视向锥。但是，该方法只考虑了圆轨道动力学，没有解决约束条件过于保守时出现的不可求解问题。参考文献［10］将这一技术扩展到一般椭圆轨道，并利用导航误差高斯参数通常已知而无须估计的特性对其进行了改进。此外，参考文献［53］首次提出了一种技术来处理终端状态约束的不被满足的情况，即在终端约束不被满足的情况下，允许将终端约束放宽为终端框。该技术在存在非线性动力学、J_2 摄动、大气阻力、导航误差和推力器误差的情况下表现良好，但后两项允许的参数误差范围很小，不能代表实际情况，如 PROBA - 3 任务。

可以看出，目前还没有一种鲁棒策略成为明确的标准方法。这些方法往往忽略了交会鲁棒 MPC 控制器的一个或多个核心要求，如燃料最优性、实时机动的计算可行性、机动精度、保证鲁棒约束满足和鲁棒可行性，以及对所有可能类型的扰动和不确定性具有鲁棒性。参考文献［7］和［10］中的机会约束方法是一个不错的候选方案，因为该方法通过在线估计考虑了所有扰动，从而在不增加优化问题复杂度的情况下确保约束满足，使用燃料最优的定时域 MPC 公式的同时，处理了终端状态约束不被满足的问题。然而，在导航和推力器误差大小达到 PROBA - 3 任务预期误差大小的情况下，定时域 MPC 策略在燃料消耗和参考收敛方面面临一些困难，后面将会对这一问题进行说明。此外，约束压缩方法还没有在被动安全约束条件下进行过测试，不过通过 4.5.2 节中介绍的避障技术，这些约束条件可以被写成线性约束条件，从而可以引入机会约束技术以解决这一不足。

4.6.2　可行终端盒

在存在扰动的情况下，最优控制问题往往会变得不可求解，这在实时应用中是要优先避免的。定时域 MPC 策略中的终端状态约束尤其容易出现这种无法满足的问题，因为其预测时域会递减，直到只有一个控制动作可用。由于系统不是一步可控的，也就是说不可能只通过一个控制动作就可以在任意两个状态之间转换，因此扰动可能会将系统推到一个无法一步到达终端状态的位置，从而使优化问题变得不可求解。其他控制和状态约束会进一步加大这种限制，如果采用约束压缩技术，限制会更大。

解决可行性问题的一个思路是采用二次终端状态代价函数（如式（4 - 4）所示）来代替终端约束条件。但这并不可取，因为将优化问题变成了一个二次规划，并引入了更多的调整参数。另一种常用的解决方案是将相等约束放宽为不等式，而且留有余量，从而引入终端盒（terminal box）的概念[3,5,38,43]。这样，约束条件式（4 - 5e）就变成了

$$-\delta_{\text{box}} \leqslant \bar{x}_N - x_{\text{ref}} \leqslant \delta_{\text{box}} \qquad (4-17)$$

其中，$\delta_{\text{box}} \in \mathbb{R}^6$ 定义了盒子的边界。这种方法的问题在于，为了保证可行性，必须增大终端盒的尺寸，这反过来又会降低系统的精度，因为系统会倾向于到达终端盒的边缘。此外，无法保证所选的终端盒尺寸使得问题在所有情况下都有解。

如参考文献 [53] 所述，这种方法可以通过引入终端盒的尺寸作为优化变量，并将其纳入代价函数进行最小化来加以改进。引入优化变量 $\delta_1, \cdots, \delta_6$ 后，终端约束条件式（4 - 17）变为

$$-\begin{bmatrix} \delta_1 \\ \vdots \\ \delta_6 \end{bmatrix} \leqslant \bar{x}_N - x_{\mathrm{ref}} \leqslant \begin{bmatrix} \delta_1 \\ \vdots \\ \delta_6 \end{bmatrix} \qquad (4-18)$$

这对所有优化变量来说仍然是一个线性约束条件。此外，代价函数式（4 - 5a）现在包含了新变量

$$V(\cdot) = \sum_{i=0}^{N-1} \Delta t_i \boldsymbol{I}^{\top} \bar{u}_i + \sum_{j=1}^{6} h_j \delta_j \qquad (4-19)$$

其中，h_j 为一个足够大的数字，以确保控制器不是为了节省燃料，而只是为确保可行性而放宽终端约束。因此，终端盒总是具有保证可行性的最小尺寸，因此本书将这种技术称为可行终端盒。需要注意的是，虽然可以对终端盒的尺寸设置上限，以避免终端盒变得过大，但要避免这样做，因为这不再能保证终端约束总是可满足的。此外，由于负值已经不可能存在，因此也没有必要将盒尺寸下限定为 0。可行终端盒方法的明显缺点是需要增加 6 个新的优化变量，不过与常见的问题维度相比，这一点可以忽略不计。

4.6.3　动态终端盒

在存在随机扰动（如导航或执行器误差）的情况下，终端状态约束会导致控制器频繁执行轨迹修正，来尽量消除预测的终端状态与参考值之间的差值。然而，由于控制器是根据不完全信息进行控制，加上其指令也没有得到完美执行，这就会导致过度修正，造成燃料浪费。通过考虑终端盒约束而不是终端等式约束，可以将这种影响降至最低，从而放宽终端约束，减少轨迹修正。这与可行终端盒技术类似，不过后者用于防止出现不可行性，而不是改善燃料消耗，两者相互不排斥。不过，放宽终端约束会降低机动精度。因此，建议在采用动态终端盒进行机动控制时，缩小终端盒，从而达到减少燃料消耗和保持精度的目的。

实现这一点的一种方法是动态改变可行终端盒技术中的权重 h_j，随着时间的推移而增加权重 h_j，从而使终端盒越来越紧。然而，由于线性代价函数的稀疏性，改变终端盒边界代价函数只会使终端盒要么有最小尺寸使问题可解，要么完全松动从而不需要控制输入。另一种思路是对终端盒边界采用二次代价函数，但这种方法并不可取，因为该方法会使优化问题成为一个二次规划问题。另外，也可以

在优化之前直接调整终端盒边界。

在此，建议修改可行终端盒约束条件，加入随时间变化的余量 ε_t，其中 t 为优化问题的求解时刻。因此，约束条件式（4 – 18）变为

$$-\begin{bmatrix}\delta_1\\\vdots\\\delta_6\end{bmatrix}-\varepsilon_t \leqslant \bar{x}_N - x_{\mathrm{ref}} \leqslant \begin{bmatrix}\delta_1\\\vdots\\\delta_6\end{bmatrix}+\varepsilon_t \qquad (4-20)$$

虽然这种方法可以提高性能，但需要对每个时刻的余量进行大量调整。在 4.7.4 节中，实验了初始盒 ε_0，其随时间线性递减，直到最后迭代为零。这种方法还可以改进，例如，将盒尺寸作为不确定性函数，因此值得进一步研究。

4.6.4 终端二次控制器

在存在随机扰动（如导航和执行误差）的情况下，定时域 MPC 方案的稀疏推力曲线并不适合执行精确机动。这是由于在不完善的状态信息和不准确的 ΔV 执行情况下进行规划时，关键的 ΔV 往往只在一次采样中执行。这些关键 ΔV 之一包括通常在机动结束时执行的最终制动推力，目的是抵消所有相对速度，但在稀疏驱动和存在上述扰动的情况下，制动推力往往不是很有效。

因此，本书建议采用以下终端线性二次 MPC 控制器来替代定时域 MPC 机动的最后一次采样

$$\min_{\substack{\bar{u}_0,\cdots,\bar{u}_{N_T-1}\\\bar{x}_0,\cdots,\bar{x}_{N_T}}} \quad (\bar{x}_{N_T}-x_{\mathrm{ref}})^\top \boldsymbol{Q}_{\mathrm{f}}(\bar{x}_{N_T}-x_{\mathrm{ref}}) + \sum_{i=0}^{N_T-1}\bar{u}_i^\top \boldsymbol{R}\bar{u}_i \qquad (4-21\mathrm{a})$$

$$\mathrm{s.\,t.} \quad \bar{x}_0 = x_t \qquad (4-21\mathrm{b})$$

$$\bar{x}_{k+1} = \boldsymbol{A}_k^{k+1}\bar{x}_k + \boldsymbol{B}_k^{k+1}\bar{u}_k \qquad (4-21\mathrm{c})$$

$$-u_{\max} \leqslant \bar{u}_k \leqslant u_{\max}, \quad k=0,\cdots,N_T-1 \qquad (4-21\mathrm{d})$$

其中，x_t 为机动动作倒数第二次迭代时的状态测量/估计值；N_T 为终端控制器的预测时域。对输入变量采用二次代价函数可减少驱动的稀疏度，再加上用 N_T 取代了一个控制决策，可更精确地执行最终制动 ΔV。为了维持最初规定的机动持续时间，N_T 预测时域与定时域 MPC 控制器的最后一次采样覆盖相同的时间窗口。此外，终端二次控制器还采用了定时域策略，即每次采样都递减预测时域，以确保在指定时间内完成机动，但终端状态约束条件由终端二次代价函数替代。最后，不采用中间状态代价函数，防止其降低控制器性能，如 4.2 节所示。

由于终端控制器的预测时域不需要太长，因此采用显式 MPC 是可行的，由于

制动机动非常关键，因此该方法具有一定的计算优势。此外，由于终端控制器只需在机动结束时消除用定时域 MPC 公式规划的带有被动安全约束的相对速度，因此该控制器可能不需要包含这些约束，从而进一步提高了用显式 MPC 实现的可行性。

4.7 测试和结果

本节将介绍使用本章所介绍方法进行的若干仿真结果。MPC 优化问题是在解释型编程环境中求解的，在定时域 MPC 公式中使用了单纯形法[41]进行线性规划。对于变时域 MPC 公式，使用分支定界算法（又称分支边界算法）求解得到的 MILP，并采用之前的单纯形法求解线性子问题。最后，在未使用 OASLP 算法求解被动安全问题时，采用序列二次规划算法[41]求解非线性规划问题。由于这些算法没有利用 MPC 问题结构的优势，因此始终采用 2.2.2 节中介绍的状态替换技术，经验表明该技术能带来更好的性能。

这些优化问题都是用第四代 2.4GHz 英特尔 i7 处理器求解的。请注意，计算时间并不能真正代表机载环境，这不仅是由于硬件差异，还由于测试是在解释型代码环境而非编译型代码环境上运行，后者是嵌入式航天器算法的典型选择，性能要好得多。

对于大椭圆轨道上的仿真，考虑了欧洲航天局 PROBA - 3 交会实验任务[17]的条件，偏心率为 0.8111，近地点高度为 600km。

4.7.1 定时域模型预测控制

本节将用定时域 MPC 方法进行几次交会仿真，再现第 3 章中介绍的几个推力机动，从而证明该方法确实是燃料最优方案。图 4 - 8 已经展示了一个轨道周期内的 V - bar 转移机动。仿真的参数和结果见表 4 - 3。

表 4 - 3　使用定时域 MPC 进行 V - bar 转移机动仿真的控制器参数和结果

图	T_s	E_s	e	θ_0	N	$\Delta V/$（mm/s）	t_{max}/ms	t_{avg}/ms
4 - 15	59.2s	—	0	—	50	16.25	8.84	7.37
4 - 16	58.3s	—	0	—	200	3.45	12.1	7.79
4 - 17	58.6s	—	0	—	100	5.47	11.6	7.68
4 - 18	59.2s	—	0	—	50	10.83	8.51	7.38
4 - 19	—	3.6°	0.4	0°	100	119.0	9.26	7.41
4 - 20	—	1.8°	0.8111	180°	200	52.1	10.3	8.03
4 - 21	—	1.7°	0.8111	179°	100	407.4	9.52	7.89

图 4 – 15 展示了一次转移时间为半个轨道周期的 V – bar 转移动作。由定时域 MPC 生成的轨迹和推力曲线与已知的带有两个径向脉冲的 V – bar 转移（如图 3 – 10 所示）完全吻合，所得到的 ΔV 与根据式（3 – 51）计算的完全相同。

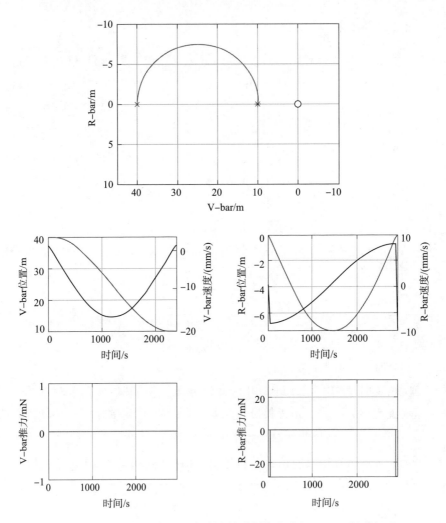

图 4 – 15　使用定时域 MPC 在半个轨道周期内进行 V – bar 转移机动

图 4 – 16 展示了另一个 V – bar 转移，但现在的机动持续时间为两个轨道周期。可以看出，生成的轨迹与图 3 – 11 和图 4 – 8 所示的水平推力 V – bar 转移机动非常相似，但推力减半，因此需要两个轨道周期才能达到最终状态。得出的 ΔV 也与式（3 – 52）得出的结果相同，其中 Δx 是总转移距离的一半。

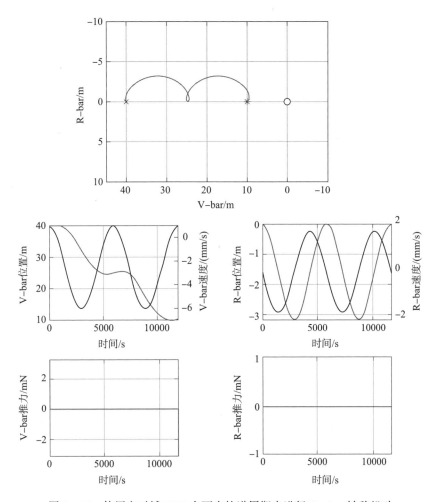

图 4 - 16 使用定时域 MPC 在两个轨道周期内进行 V - bar 转移机动

图 4 - 17 所示仿真结果展示了单轨道 R - bar 转移机动。如图 3 - 9 所示，可以看出，生成的轨迹类似于霍曼转移，因此该机动实际上只完成了半个轨道的转移。ΔV 也与根据式（3 - 50）得到的相同，但要注意的是，定时域 MPC 机动是在非对称推力下进行的，生成的轨迹略有不同，但燃料消耗相等，这表明优化问题并非严格意义上的凸问题。

接下来，在图 4 - 18 所示的仿真结果中，在一个轨道周期内进行了 H - bar 校正机动。由于只经过半个轨道周期就通过了升交点，因此在这段时间之后航天器就到达了参考点。得到的 ΔV 与图 3 - 12 所示的仿真中轨道倾角修正机动所需的 ΔV 相同，计算结果由式（3 - 53）计算得到。

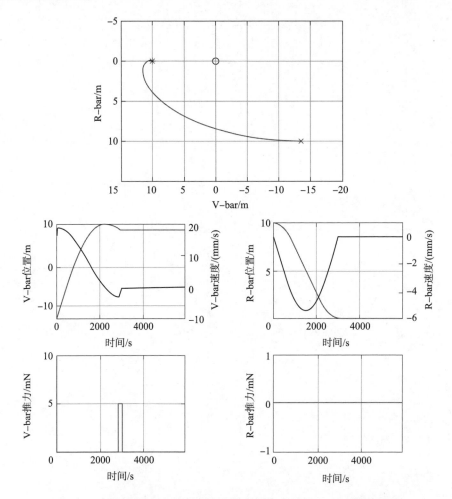

图 4 – 17　使用定时域 MPC 在半个轨道周期内进行 V – bar 转移机动

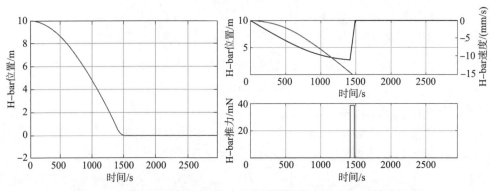

图 4 – 18　使用定时域 MPC 在半个轨道周期内进行 H – bar 转移机动

进一步考虑椭圆目标轨道，图 4 - 19 所示的机动与图 3 - 21 所示仿真条件相同。用定时域 MPC 方法得到的轨迹与理想的双推力轨迹相同，所需的 ΔV 也与用式（3 - 54）和式（3 - 56）计算的相同，因为生成的机动也只有两个推力动作。还需要注意的是，由于目标轨道现在是椭圆轨道，因此采用了 4.1 节中介绍的偏近点角采样技术，其中 E_s 为采样的偏近点角，这意味着初始和最终推力作用的持续时间不同。

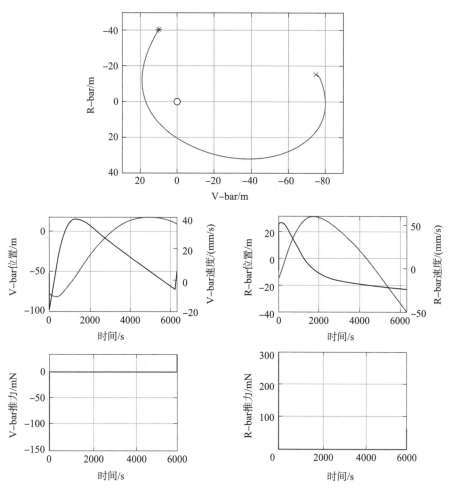

图 4 - 19 使用定时域 MPC 在椭圆轨道上进行半个轨道周期内的任意平面内转移机动

为了展示在大椭圆轨道上的机动，考虑 PROBA - 3 RVX 方案条件，目标轨道参数见表 4 - 4。图 4 - 20 展示了这一机动过程，从表 4 - 3 中可以看出，所产生的 ΔV 为 52.1mm/s。另一方面，理想的双脉冲机动所需要的 ΔV，可以用式（3 - 54）

和式（3-56）计算得到，为72.7mm/s，相较于图4-20所示机动消耗 ΔV 明显要高得多。使用定时域MPC方法得到的机动效率更高，这是因为在30000s左右的 V-bar 转移期间使用了中间推力，而理想机动只受限于初始推力和最终推力。因此，与传统的双脉冲机动相比，使用MPC的自由度更高，可以生成更节省燃料的轨迹。

表4-4　PROBA-3 RVX方案的目标轨道参数

参数	值	参数	值
半长轴	36941km	升交点赤经	84°
偏心率	0.8111	近地点幅角	188°
轨道倾角	59°	初始真近点角	179°

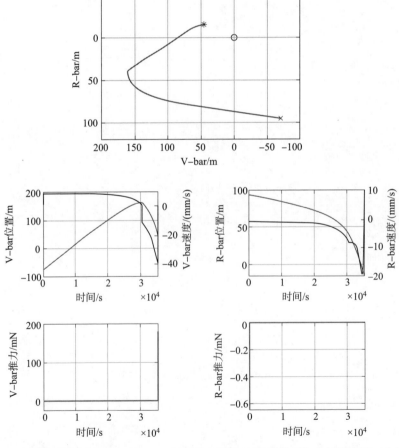

图4-20　使用定时域MPC的PROBA-3轨道航天器在半个轨道周期内的任意平面内转移机动

最后，为了证明包含了 H - bar 运动，图 4 - 21 显示了 PROBA - 3 RVX 任务卫星的实际机动过程。从表 4 - 3 中可以看出，所需 ΔV 为 407.4mm/s。另一方面，用式 (3 - 54) 和式 (3 - 56) 计算出的双脉冲机动所需的 ΔV 为 481mm/s。因此，定时域 MPC 计算公式所需的燃料仅为典型双推进机动所需燃料的 85%，这也是通过中间推力作用实现的，本次仿真可在 H - bar 观察得到。本节通过仿真表明，在给定的机动持续时间内，定时域 MPC 方法是燃料最优的。

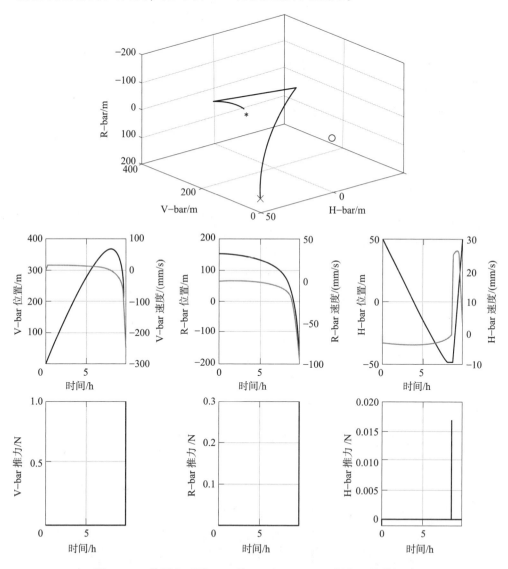

图 4 - 21　使用定时域 MPC 的 PROBA - 3 RVX 任务卫星的机动

关于计算负荷,从表 4-3 中可以看出,预测时域的增加对执行时间的影响相对较小。例如,当预测时域为 $N = 50$ 时,最坏情况下的计算时间为 8.84ms,而将预测时域扩大 4 倍至 $N = 200$ 时,计算时间为 12.1ms,仅增加了约 37%。这是因为此时优化问题被表述为一个线性规划问题,在这种情况下用对偶单纯形法可以快速求解。此外,在这些仿真中,没有考虑会增加计算负荷的额外控制或状态约束。在考虑控制约束的情况下,计算量也不会显著增加。

图 4-22 展示了在图 4-21 所示的 PROBA-3 机动条件下,预测时域对执行时间的影响,但每个分量的控制饱和度限制为 $1/3N$,并保持机动持续时间不变。在每个预测时域内,仿真运行 10 次,执行时间取平均值。可以看出,执行时间大致呈线性增长,但最坏情况下执行时间会出现无法预测的振荡。这显示了将优化问题表述为线性规划问题的计算优势,即预测时域增加 50 倍,计算时间只增加不到 2.5 倍。

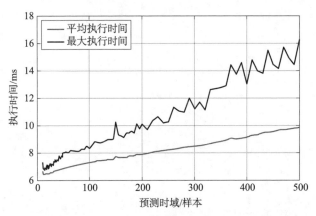

图 4-22　PROBA-3 RVX 机动执行时间随预测时域的变化

4.7.2　变时域模型预测控制

变时域描述可用于优化机动持续时间和所需燃料,两者之间的平衡可通过参数 γ 进行调整。如果 γ 为零,解将是仅能使燃料最小化的机动持续时间,其中持续时间以最大预测时域 N_{max} 为界。不过,在较简单的机动中,所需燃料可能随机动持续时间严格递减。

图 4-23 所示的仿真结果展示了在圆轨道上进行 V-bar 转移机动所需的 ΔV 与转移持续时间的函数关系。半个轨道周期转移仿真的结果与图 4-15 所示的仿真结果一致,一个轨道周期转移仿真的结果与图 4-8 所示的仿真结果一致,两个轨道周期转移仿真的结果与图 4-16 所示的仿真结果一致。由此可以看出,所需的 ΔV 会随着机动时间的延长而严格减小。

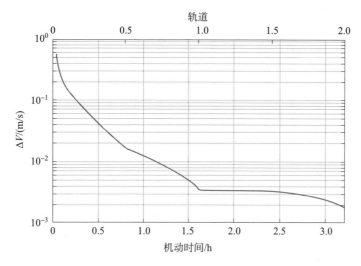

图 4 - 23　圆轨道 ΔV 上 V - bar 转移机动随时间的变化规律

在图 4 - 23 的条件下应用变时域 MPC 方法，最大机动持续时间为一个轨道周期，$\gamma = 0$，结果如图 4 - 24 所示，最大转移时间确实是最优的。这些仿真的参数和结果见表 4 - 5。

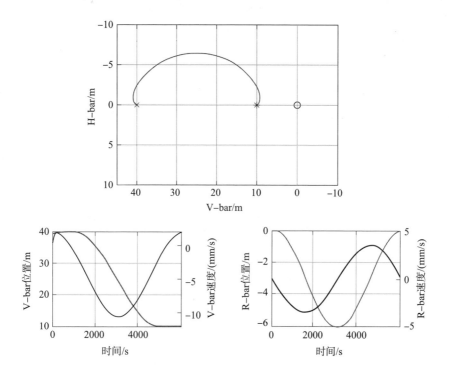

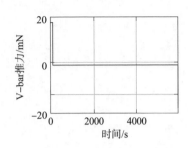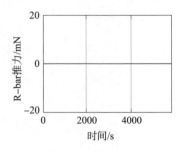

图 4-24　变时域 MPC 的 V-bar 转移机动，最大转移一个轨道周期，无机动持续时间代价

表 4-5　变时域 MPC 控制器参数及仿真结果

图	T_s	E_s	e	N_{max}	γ	N	$\Delta V/$（mm/s）	t_{max}/ms	t_{avg}/ms
4-24	98.1s	—	0	60	0	60	3.45	138	54.9
4-25	98.1s	—	0	60	0.01	30	16.90	184	121
4-27	57.9s	—	0	100	0	32	130.9	412	277
4-29	—	3.6°	0.8111	100	0	41	48.16	710	595

　　如果考虑机动持续时间代价（$\gamma > 0$），最佳方案的转移时间会更短。在图 4-25 所示的仿真结果中，最佳转移时间约为半个轨道周期，其轨迹类似于图 3-10 所示仿真结果中使用径向脉冲的理想 V-bar 转移，尽管该转移过程在 V-bar 中存在一些驱动。根据式（3-52）计算出的该动作的总 ΔV 为 16.3mm/s，由于 V-bar 的驱动较小，该数值略低于本仿真中的数值。

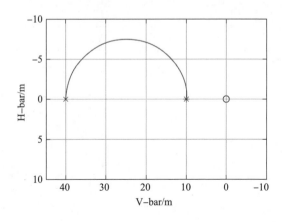

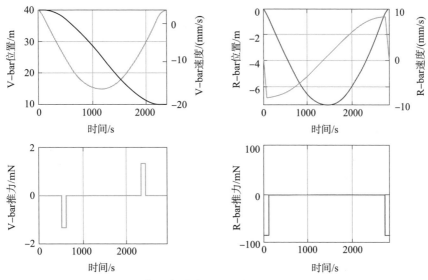

图 4 – 25　使用变时域 MPC 进行 V – bar 转移机动，
最大转移量为一个轨道周期，考虑机动持续时间代价

当机动的初始点和参考点变化时，也就是说，如果不施加推力作用，航天器就会发生自然漂移，那么机动所需的 ΔV 可能不再随持续时间严格递减。图 4 – 26 描述了当初始状态和最终状态都不在 V – bar 方向上时，机动所需的 ΔV 与转移时间的关系。从图中可以看出，在两个轨道周期间隔内的最短转移时间仅为 0.5 h 左右，约为一个轨道周期的 1/3。出现这种情况的原因是追踪航天器相对于目标在

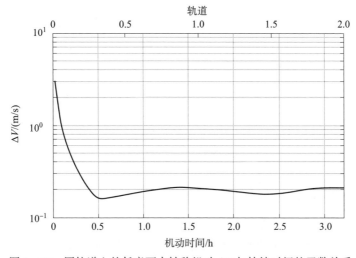

图 4 – 26　圆轨道上的任意面内转移机动 ΔV 与持续时间的函数关系

漂移，因此有一个执行机动的最佳时间，而不是最长时间。如图4－27所示，在这种情况下应用变时域 MPC 时，最大持续时间为一个轨道周期，所生成的机动持续时间约为一个轨道周期的32%，从而验证了变时域 MPC 方法。

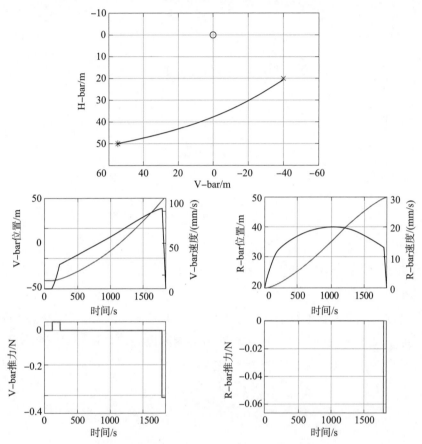

图4－27　使用变时域 MPC 进行任意平面内转移机动，
最大转移量为一个轨道周期，无机动持续时间代价

现在来分析图4－21中的 PROBA－3 机动过程。图4－28展示了该动作所需的 ΔV 与转移时间的函数关系。从图中可以再次看出，ΔV 没有随着机动时间的延长而严格地减小，而且图中的峰值要比图4－26明显。出现这种情况是因为椭圆轨道导致动力学特性是时变的，这意味着在进行机动的最佳时间方面有另一个影响因素。对于 PROBA－3 机动，在一个轨道周期时间的40%左右有一个局部最小值，但全局最佳转移时间是一个轨道周期，而在半个轨道和一个半轨道转移周期时，ΔV 有峰值，第一个峰值与图4－21中的机动持续时间相对应。

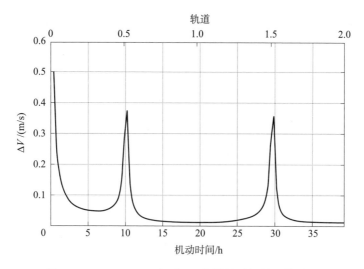

图 4 - 28　PROBA - 3 机动 ΔV 与持续时间的函数关系

　　将变时域 MPC 的最大转移时间设置为一个轨道周期，结果如图 4 - 29 所示，最佳持续时间为一个轨道周期的 41%。从表 4 - 5 中可以看出，所需的 ΔV 比图 4 - 21 中的结果减少了约 7/8。虽然从图 4 - 28 中的曲线图来看，这个值确实是一个最小值，但并不是全局最小值，全局最小值对应的转移时间为轨道周期的整数倍。这是由于所使用的算法（分支定界）并没有进行全局优化，因此只能收敛到这个局部最小值。对于在线变时域 MPC，这可能会影响性能，因为优化可能会收敛到与之前迭代不同的最小值，这个问题可以通过采用热启动来解决。对于离线变时域 MPC，对问题进行全局优化是可行的。

　　从表 4 - 5 中可以看出，变时域 MPC 方法的计算负荷明显高于定时域 MPC，这是因为前者是 MILP 问题，后者是线性规划问题。因此，在线使用变时域 MPC 方法是不可行的，尤其是在包含了计算量非常大的被动安全约束条件的情况下。

4.7.3　被动安全

　　本节主要介绍在被动安全约束条件下的交会机动仿真。4.5.3 节介绍的 OASLP 避障技术依赖于一组线性规划，本书将使用该技术，并将其与标准 SQP 非线性优化算法进行比较，这与参考文献［35］中的工作类似。OASLP 算法采用 10^{-5} m/s 的绝对 ΔV 迭代变化作为停止标准。表 4 - 6 列出了仿真参数和结果，其中 n_1 表示 OASLP 算法迭代次数，包括无障碍约束的初始优化，以及 SQP 算法迭代次数。与 OASLP 算法类似，为了更好地收敛，SQP MPC 第一次优化以无约束问题的解作为热启动初值。

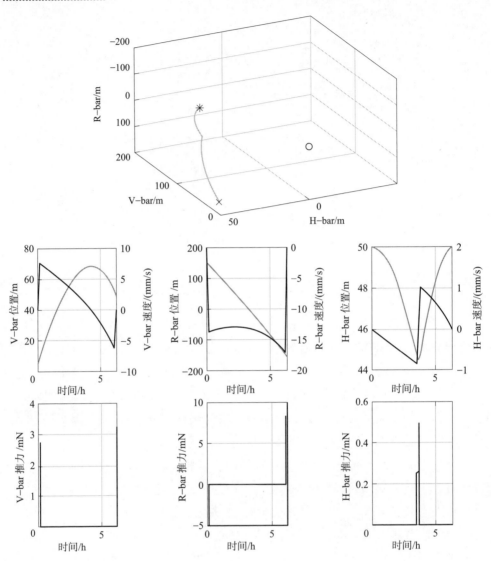

图 4-29 使用变时域 MPC 的 PROBA-3 机动，最大转移量为一个轨道周期，无机动持续时间代价

图 4-30 展示了与图 4-10 类似 V-bar 方向上转移的仿真结果，其中包含了一个轨道周期范围内的被动安全约束。虽然轨迹中所有离散点的失败轨迹都受到了约束，但为了不影响展示效果，只显示了最终失败轨迹。目标航天器安全区域是一个半径为 2m 的圆，由于坐标轴比例不同，因此该安全区域从图中看起来为椭圆。较细的线条代表 OASLP 中间迭代的结果。SQP 算法和 OASLP 算法的轨迹叠加在一起，因为收敛到相同的解，因此在图中无法辨别。

表 4 – 6　被动安全仿真的控制器参数和结果

图	参数						结果					
	T_s/s	E_s	e	θ_0	N	S	$\Delta V/$（mm/s）	t_{max}/s	n_1	$\Delta V/$（mm/s）	t_{max}/ms	n_1
4 – 30	193.4	—	0	—	30	30	1.616	1.69	7	1.616	81.1	5
4 – 31	193.4	—	0	—	30	60	2.796	6.97	8	无可行解		
4 – 32	—	7°	0.8111	245°	40	80	1.647	33.7	4	1.646	279	5
4 – 33	—	3.89°	0.8111	30°	45	90	120.4	132	3	119.9	260	3
							SQP			OASLP		

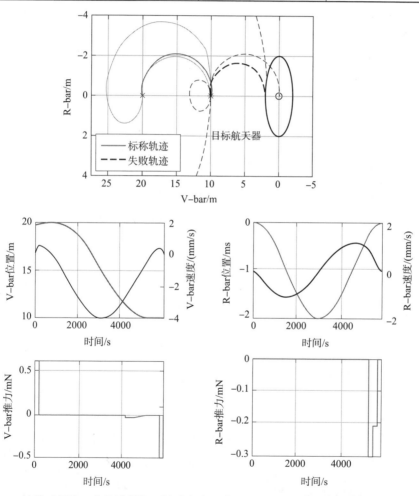

图 4 – 30　转移时间为一个轨道周期，被动安全时域为一个轨道周期的圆轨道 V – bar 转移机动
（浅色线条表示中间迭代的结果）

　　如表 4 – 6 所示，尽管 OASLP 算法需要的迭代次数更少，速度快 20 多倍，但两种算法以微小的 ΔV 差距收敛到相同的解（OASLP 略低）。在轨迹方面，起初与无约束条件下的轨迹相似，但在机动结束时，出现了一些额外的非稀疏制动，导致标称轨迹略有扩大，因此在最坏的情况下，失败轨迹正好靠近安全区域的边缘。加入被动安全约束后，如预期的那样，ΔV 增加了约 17%，OASLP 的计算时间增加了近 10 倍，SQP 的计算时间增加了约 200 倍。

　　在图 4 – 31 中，重复了前面的机动过程，安全时域增加到两个轨道周期。在这一场景下，为 OASLP 算法确定的线性约束会产生一个空集，因此优化无法保证可行性。如 4.5.4 节所述，这一限制将在今后的工作中加以解决。因此，图中显示的是 SQP 算法的仿真结果。

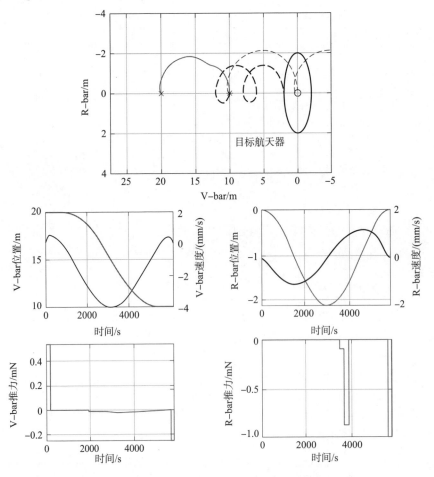

图 4 – 31　转移时间为一个轨道周期，被动安全时域为两个轨道周期的圆轨道 V – bar 转移机动

在 4000s 之前额外增加 R - bar 驱动，扩大了接近范围，使得失败轨迹不会在规定的两个轨道周期内发生碰撞。这种机动的 ΔV 约为不安全机动的 2 倍，与一个轨道周期安全时域的机动相比，增加了至少 70%。此外，由于额外的约束条件，SQP 计算时间增加了 4 倍多。值得注意的是，随着安全时域的增加，R - bar 制动推力也在增加。这导致轨迹越来越像带有径向脉冲的 V - bar 转移机动，如 4.5 节所示，这保证了无限时域内的被动安全，尽管其代价要高出 4 倍以上。

图 4 - 32 展示了 PROB - A3 任务条件下的任意面内转移，安全时域约为一个半轨道周期，安全区域半径增加到 5m。现在，OASLP 算法和 SQP 算法的结果差异更明显，前者存在微小优势，计算时间也快了两个数量级。

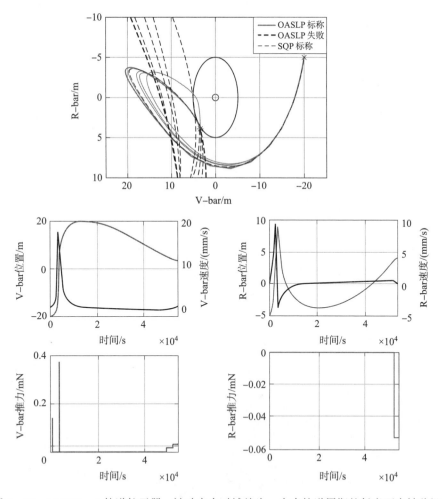

图 4 - 32 PROBA - 3 轨道航天器，被动安全时域约为一个半轨道周期的任意面内转移机动

图 4-33 展示了一个三维空间的机动过程，因此安全区域呈现为一个半径为 10m 的球体。由于现在机动的 ΔV 比以前大两个数量级，因此 OASLP 算法停止准则采用了 10^{-3} m/s 的容差。如图 4-33 所示，两种算法收敛到的局部最小值略有不同。此外，如表 4-6 所示，OASLP 算法仅经过三次迭代就满足了其停止准则，从而获得了比 SQP 略优的机动性，计算时间也比 SQP 快了 500 多倍。

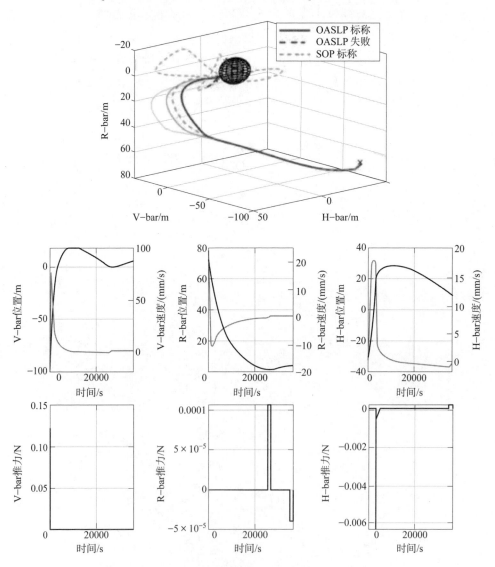

图 4-33　PROBA-3 轨道航天器，被动安全时域约为
一个半轨道周期的任意面内转移机动

4.7.4　鲁棒仿真

为了仿真和展示定时域 MPC 策略在存在摄动和扰动时的性能,该算法已在欧洲航天局(ESA)CLGADR 项目[①]背景下由 Deimos 开发的高保真模拟环境中进行仿真。应用 4.6 节中介绍的鲁棒技术,以提高制导系统在可行性和性能方面的鲁棒性。虽然通常也需要满足状态约束中(如被动安全约束)的鲁棒约束,但本书并没有涉及。

如前所述,在这种情况下,尽管 MPC 算法为闭环控制算法,但由于其运行频率非常低,因此仍作为一种制导算法。此外,为了测试该算法的性能,无论选择哪种高频控制策略,都不会在控制回路中添加控制器。因此,仿真结果并不代表实际飞行性能,而只是用来评估 MPC 策略,并将其与其他可用的制导策略进行比较。出于同样的原因,仿真并不包括完全真实的模型和条件,如推力器和传感器模型,以及所有可能的外部摄动,因为其中许多摄动通常会通过高频控制器进行补偿。

首先,仿真只包括确定性摄动。其中包括二阶球谐摄动(J_2)、来自月球和太阳的第三体引力,以及太阳辐射光压。另外需要注意的是,即使是球谐摄动的一阶项也会构成制导误差的来源,因为制导系统使用的是线性化的 Yamanaka - Ankersen 模型。在本次仿真及后文的所有仿真中,每个推力方向都增加了 1N 的控制限值。表 4 - 7 列出了以下仿真的 MPC 参数和结果,其中 e_{pos} 和 e_{vel} 为位置和速度的终端误差。

表 4 -7　控制器参数和 PROBA -3 机动鲁棒仿真结果

图	E_s/(°)	N	ΔV/(mm/s)	e_{pos}	e_{vel}	t_{max}/ms	t_{av}/ms
4 -34	1.70	100	407.2	36.92m	2.344cm/s	2.01	—
4 -35	1.70	100	132.6	9.580m	269.7mm/s	3.00	1.34
4 -36	1.70	100	408.3	2.912cm	0.416mm/s	2.53	1.32
4 -37	0.85	200	407.0	2.687cm	0.499mm/s	8.00	2.27

由于 MPC 是一种闭环策略,因此对扰动的鲁棒性仅仅依靠其固有的鲁棒性。图 4 -34 举例说明了开环 MPC 在面对上述扰动时的性能,与图 4 -21 所示的 PROBA -3 机动过程相同。追踪航天器的轨迹与最理想条件下的轨迹相似,总 ΔV 也相似,但制导中未建模的扰动导致了较为显著的终端误差,位置误差为 36.92m,速度误差为 2.344cm/s。

---

① 本模拟环境是根据欧洲航天局第 4000111160/14/NL/MH 号合同开发的。本书所表达的观点不反映欧洲航天局的官方意见。

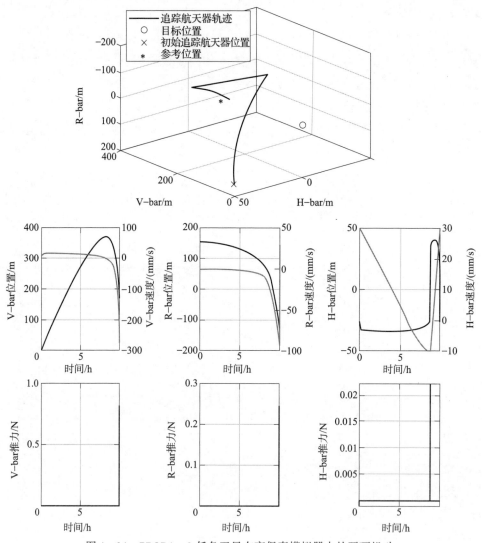

图 4-34　PROBA-3 任务卫星在高保真模拟器中的开环机动

　　在闭环 MPC 控制系统中执行同样的机动，结果如图 4-35 所示。可以看出，尽管预测模型并不完美，但其轨迹与未扰动情况下的轨迹略有不同，控制器现在可以更好地接近参考状态。然而，由于终端约束，优化问题在最后一次迭代中无法求解，因此机动结束时的位置误差为 9.58m，相对速度误差为 269.7mm/s。因此，正如 4.6.2 节中提到的，这种计算方法存在考虑鲁棒性后不可求解的问题。虽然解决迭代不可行的一个可能办法是采用前一次迭代第二时间步的结果，但最好还是避免完全不可行的情况发生。

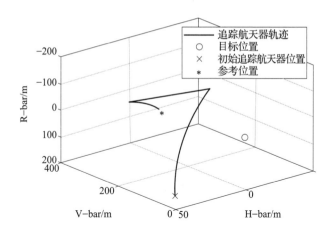

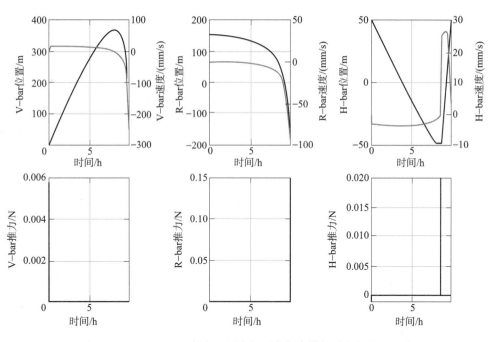

图 4 - 35 PROBA - 3 任务卫星在闭环高保真模拟器中的闭环机动

4.7.4.1 鲁棒可行性

为了解决终端状态约束条件无法满足的问题，采用了 4.6.2 节中介绍的可行终端盒技术。仿真结果如图 4 - 36 所示，优化问题在最后一次迭代时再次可解，从而可以在不显著增加计算负荷的情况下完成机动。此外，如表 4 - 7 所示，尽管在制导过程中，所有扰动存在且未被建模考虑，位置和速度的残差分别为 2.912cm

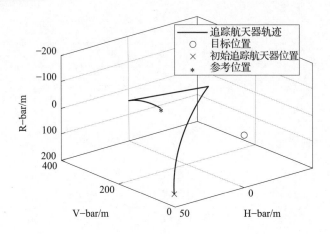

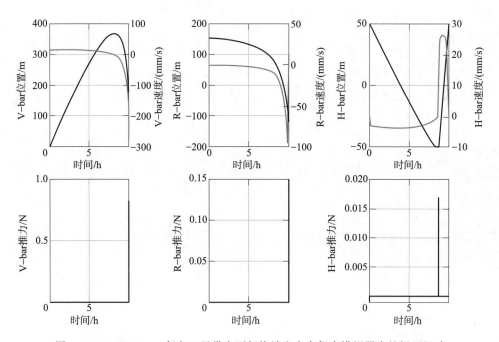

图 4 - 36 PROBA - 3 任务卫星带有可行终端盒在高保真模拟器中的闭环机动

和 0. 416mm/s。与开环时的结果相比,考虑到所有存在的扰动,这些误差非常小,这验证了 MPC 固有的鲁棒性。此外,尽管存在各种扰动,但与通过闭环运行提高的性能相比,ΔV 并没有显著增加。

在图 4 - 37 中,在保持机动持续时间不变的情况下,预测时域增加了 1 倍。如图 4 - 34 所示,这种增加对终端状态误差和 ΔV 没有明显改善。另一方面,平均计算时间也增加了 1 倍,最不理想情况下几乎增加了 4 倍。

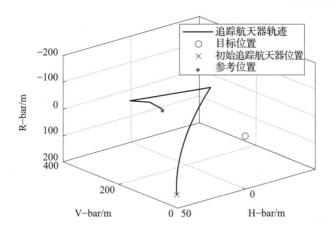

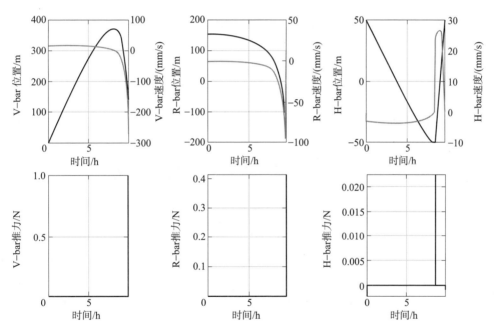

图 4 - 37 PROBA - 3 任务卫星带有可行终端盒并增大预测时域后在高保真模拟器中的机动

4.7.4.2 鲁棒性能

现在分析定时域 MPC 策略在其他扰动（即导航和执行器误差）情况下的燃料消耗性能和精度，并利用 4.6 节中提出的技术对其进行改进。导航性能模型如下：

- 相对位置精度（$3 - \sigma$）：30cm；
- 相对速度精度（$3 - \sigma$）：3mm/s。

这些数值看似不重要，但在实际的估计状态中，这种程度的不确定性可能意味着半个轨道周期后数百米的离散度。仿真中还考虑了推力器误差，其性能模型如下，除了模拟幅度和方向误差外，还包含一个不执行命令的推力阈值，来模拟推力器最小脉冲位（minimum impulse bit，MIB）的影响：

- 推力幅值精度（$3-\sigma$）：30%；
- 推力方向精度（$3-\sigma$）：3°；
- MIB 导致的截止推力：1mN。

由于现在的仿真存在随机扰动，因此下面的测试结果是通过 20 次重复的蒙特卡洛仿真得到的。计算结果的平均值（μ）和标准偏差（σ）见表 4-8。

表 4-8 采用 PROBA-3 轨道条件机动进行随机鲁棒仿真的控制器参数和结果

图	$E_s/$ (°)	N	$\varepsilon_{0,p}/$ m	$\varepsilon_{0,v}/$ (mm/s)	N_T	N_r	$\Delta V/$ (mm/s)		$e_{pos}/$cm		$e_{vel}/$ (mm/s)		$t_{max}/$ms	
							μ	σ	μ	σ	μ	σ	μ	σ
4-38	1.70	100	—	—	—	1	524	20.0	35.5	15.1	3.91	1.77	4.15	0.813
4-39	1.68	200	—	—	—	1	713	25.2	27.4	13.4	3.92	1.72	7.05	0.887
4-40	1.70	100	15	10	—	1	425	15.5	2310	109	3.53	1.49	6.74	0.872
4-41	1.70	100	15	10	—	1	479	15.6	55.4	10.2	3.87	1.73	6.65	0.913
4-42	1.70	100	15	10	10	1	485	18.0	20.0	9.03	3.35	1.45	5.27	0.831
4-43	1.70	100	15	10	10	5	447	15.7	20.9	9.05	3.42	1.43	5.39	0.723

在与图 4-37 所示的仿真场景相同的条件下，加上上述导航和执行器误差，结果如图 4-38 所示。虽然所有轨迹的制导都能趋近于参考值，但仍能观察到轨迹之间的分散。右图只对应其中一次仿真。从图中可以看出，由于每次迭代都是在对状态不完全了解的情况下进行的，而且每次控制动作的执行都存在误差，因此现在的控制动作不再稀疏，控制器每一步都会修正轨迹，试图满足终端状态约束。因此，在考虑导航和执行器误差的情况下，ΔV 的平均值增加了 41%，这种增加非常显著。此外，平均最终状态误差也增加了一个数量级。

如图 4-39 所示，为了提高性能，将预测时域内的样本数量增加 1 倍。虽然平均 ΔV 增大到几乎是没有导航和执行误差时的 2 倍，但现在的轨迹分散程度略有降低，残差也较小。这是因为随着 MPC 采样次数的增加，制导系统会执行更多的修正动作，而这些动作都是根据不完善的信息规划的，因此，为了使预测的终端状态与参考状态完全一致，执行修正会浪费更多的燃料。此外，由于执行器的误差，这些修正并未按计划进行，从而导致进一步的修正。因此，在存在随机导航和执行误差的情况下，增加预测时域会增加所需的燃料，这与非随机扰动的典型预期相反。

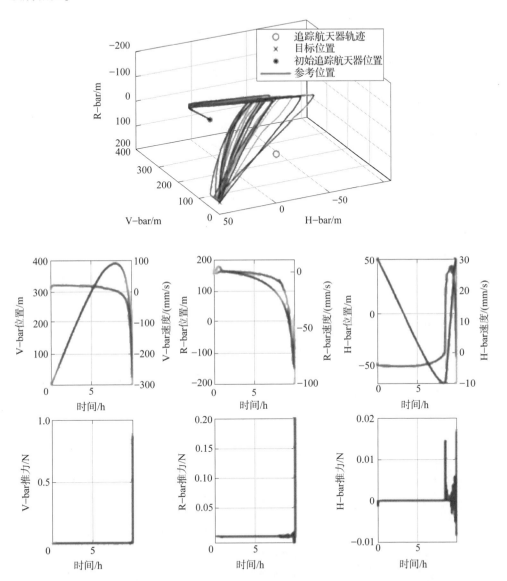

图 4 - 38　PROBA - 3 任务卫星在考虑导航和驱动误差时在高保真模拟器下的机动

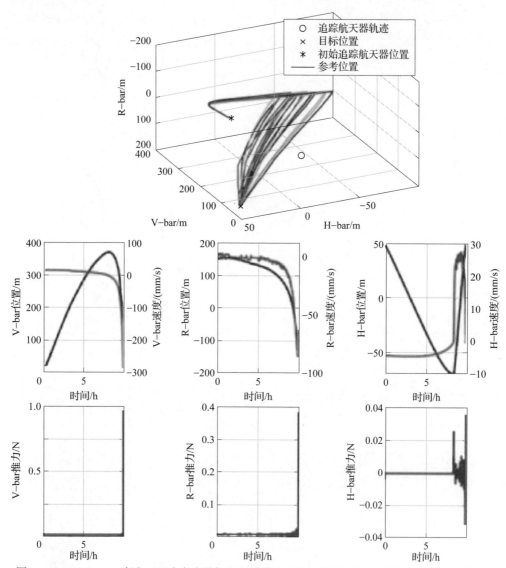

图 4-39 PROBA-3 任务卫星在考虑导航和驱动误差并增加预测时域时在高保真模拟器中的机动

4.7.4.3 动态终端盒

为了降低控制器对随机扰动的敏感性，用一个终端盒来代替终端状态约束，如 4.6.3 节所述。位置（$\varepsilon_{0,p}$）采用 15m 终端盒，速度（$\varepsilon_{0,v}$）采用 10mm/s 终端盒，并在整个机动过程中保持这些尺寸不变，仿真结果如图 4-40 所示。与图 4-38 的结果相比，现在的机动修正脉冲减少了 99mm/s。不过，由于终端约束条件放宽，位置的平均终端误差明显增大，达到 23.1m。

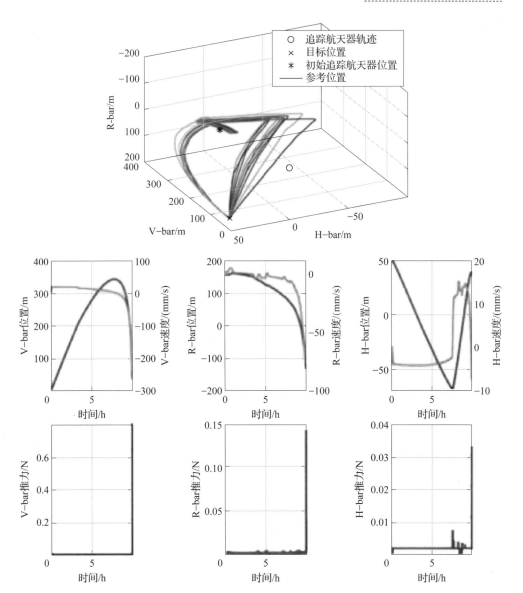

图 4-40　采用固定终端盒的 PROBA-3 任务卫星在考虑导航和执行误差时在高保真模拟器中的机动

为了提高制导精度并降低对扰动的敏感性，现在采用 4.6.3 节中介绍的动态终端盒（dynamic terminal box）方法，终端盒尺寸随时间线性减小。使用之前的终端盒尺寸作为初始值，仿真结果如图 4-41 所示。与之前的仿真相比，ΔV 增大但仍低于图 4-38 中没有终端盒时的值，而且没有增加计算复杂度。此外，与图 4-38 的结果相比，位置和速度的终端误差也有所改善。虽然 ΔV 的减小并不显著，但这一结果验证了这种方法在存在随机扰动情况下可以获得更好的燃料消耗性能。如果进一步调整参数，并采用不同的方法调整终端盒尺寸，可能会获得更好的性能。

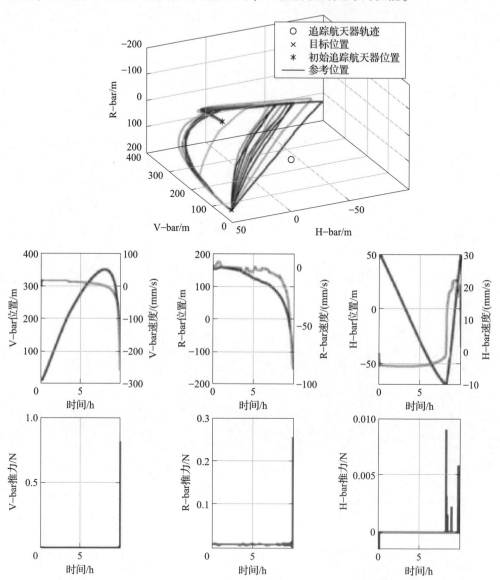

图 4 - 41　采用动态终端盒的 PROBA - 3 任务卫星考虑导航和执行误差时在高保真模拟器中的机动

4.7.4.4　二次终端控制器

最后，可以注意到机动结束时的终端状态误差，即位置误差仍然很大，上一次仿真的平均值为 55.4cm。仍然明显高于导航的不确定性，因此可以改进。如 4.6.4 节所述，终端误差是由定时域 MPC 控制器的稀疏性和固定的最终制导时间造成的。因此，根据 4.6.4 节，尝试通过使用终端二次控制器来改善这一问题，该控制器将取代标称控制器的最后一次迭代。预测时域 $N_T = 10$，输入加权矩阵 $\boldsymbol{R} = \boldsymbol{I}_3$，终端状态加权矩阵 $\boldsymbol{Q}_f$ = diag $[1, 1, 1, 10^4, 10^4, 10^4]$，仿真结果如图 4 - 42 所示，图中展示了二次终端控制器（quadratic terminal controller）的推力曲线。

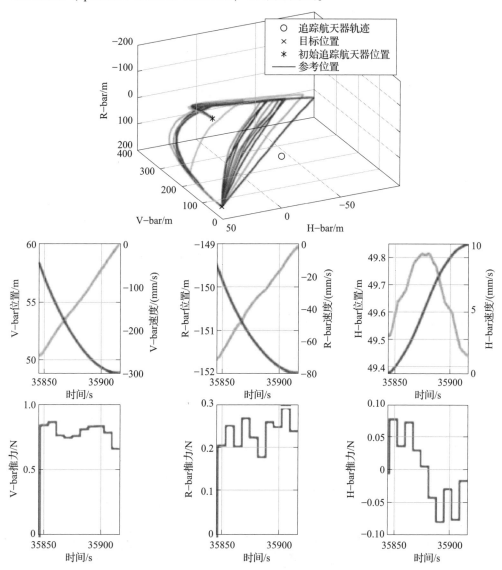

图 4 - 42　采用二次终端控制器和动态终端盒的 PROBA - 3 任务卫星考虑导航和执行误差时在高保真模拟器中的机动

可以看出，ΔV 略有增加，而平均残差减少到 20cm。由于终端控制器只在定时域 MPC 控制器的最后一次采样期间运行，因此机动持续时间不会增加。以上结果验证了这一方法可以获得更高的精度，且如果进一步调整终端时域 N_T 及终端成本矩阵 R 和 Q_f，控制器可能会获得更好的性能。

4.7.4.5 重解率

另外一个可以降低控制器对扰动敏感度的参数是 MPC 优化的重解率，即适度降低求解问题的频率，因为如果在每个时间步都重新求解，机动过程中控制器的过矫正次数就会增加，进而增加燃料消耗。另一方面，终端位置和速度误差会随着修正次数的减少而减小。为了尽量减少这种影响，终端二次控制器仍会在每个 MPC 时间步中重新求解。

当 $N_r = 5$ 时，即每 5 个时间步仅重新求解一次 MPC 问题，仿真结果如图 4 – 43 所示。在没有任何扰动和摄动的情况下，总平均机动脉冲 ΔV 降至 447mm/s，与理想值相比仅增加了 9.77%。此外，由于终端二次控制器仍然在每个 MPC 时间步长上重新求解，终端误差与之前 $N_r = 1$ 的仿真结果大致相同。

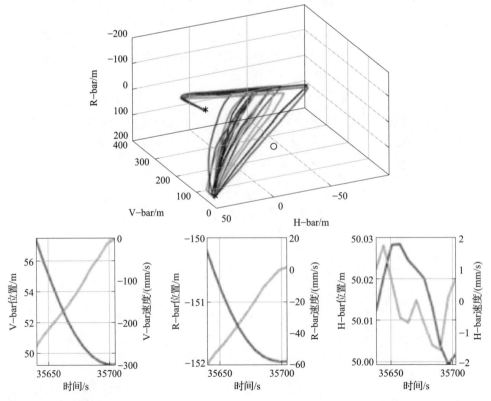

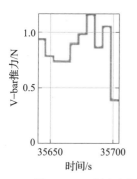 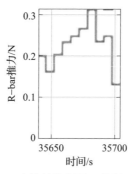 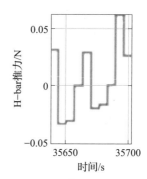

图 4 - 43　采用动态终端盒、二次终端控制器和较低重解率的 PROBA - 3 任务卫星考虑导航和执行误差时在高保真模拟器中的机动

参 考 文 献

[1]　W. Fehse, *Automated Rendezvous and Docking of Spacecraft* (Cambridge University Press, 2003). ISBN: 0521824923.

[2]　E. N. Hartley, A tutorial on model predictive control for spacecraft rendezvous, in *2015 European Control Conference (ECC)*, July 2015 (2015), pp. 1355 - 1361.

[3]　A. Richards, J. How, Performance evaluation of rendezvous using model predictive control, in *AIAA Guidance, Navigation, and Control Conference and Exhibit*, November 2003 (2003).

[4]　S. Di Cairano, H. Park, I. Kolmanovsky, Model predictive control approach for guidance of spacecraft rendezvous and proximity maneuvering. Int. J. Robust Nonlinear Control 22, 1398 - 1427 (2012).

[5]　E. N. Hartley, P. A. Trodden, A. G. Richards, J. M. Maciejowski, Model predictive control system design and implementation for spacecraft rendezvous. Control Eng. Pract. 20, 695 - 713 (2012).

[6]　L. Breger, J. How, A. Richards, Model predictive control of spacecraft formations with sensing noise, in *Proceedings of the 2005, American Control Conference* (2005), pp. 2385 - 2390.

[7]　F. Gavilan, R. Vazquez, E. F. Camacho, Chance - constrained model predictive control for spacecraft rendezvous with disturbance estimation. Control Eng. Pract. 20, 111 - 122 (2012).

[8]　A. Weiss, M. Baldwin, R. S. Erwin, I. Kolmanovsky, Model predictive control

for spacecraft rendezvous and docking: strategies for handling constraints and case studies. IEEE Trans. Control Syst. Technol. 23, 1638 – 1647 (2015).

[9] R. Vazquez, F. Gavilan, E. F. Camacho, Model predictive control for spacecraft rendezvous in elliptical orbits with on/off thrusters. IFAC – PapersOnLine 48, 251 – 256 (2015).

[10] S. Zhu, R. Sun, J. Wang, J. Wang, X. Shao, Robust model predictive control for multi – step short range spacecraft rendezvous. Adv. Space Res. 62, 111 – 126 (2018).

[11] Ø. Hegrenæs, J. Gravdahl, P. Tøndel, Spacecraft attitude control using explicit model predictive control. Automatica 41, 2107 – 2114 (2005) (Dec.).

[12] V. Manikonda, P. O. Arambel, M. Gopinathan, R. K. Mehra, F. Y. Hadaegh, A model predictive control – based approach for spacecraft formation keeping and attitude control, in *Proceedings of the* 1999 *American Control Conference* (*Cat. No. 99CH36251*), vol. 6, June 1999 (1999), pp. 4258 – 4262.

[13] J. Lilja, Combined attitude and orbital MPC for thruster based spacecrafts (2017).

[14] A. Walsh, S. Di Cairano, A. Weiss, MPC for coupled station keeping, attitude control, and momentum management of low – thrust geostationary satellites, July 2016 (2016), pp. 7408 – 7413.

[15] J. C. Sanchez, F. Gavilan, R. Vazquez, C. Louembet, Aflatness – based predictive controller for six – degrees of freedom spacecraft rendezvous. Acta Astronaut. 167, 391 – 403 (2020).

[16] I. O. Burak, Model predictive control for spacecraft rendezvous and docking with uncooperative targets. Ph. D. thesis, Nanyang Technological University (2020).

[17] P. Rosa et al., Autonomous close – proximity operations in space: the PROBA – 3 rendezvous experiment (P3RVX), *in 69th International Astronautical Congress* (*IAC 2018*) (2018).

[18] K. Yamanaka, F. Ankersen, New state transition matrix for relative motion on an arbitrary elliptical orbit. J. Guid. Control Dyn. 25, 60 – 66 (2002).

[19] F. Ankersen, Guidance, navigation, control and relative dynamics for spacecraft proximity maneuvers. Ph. D. thesis, Institut for Elektroniske Systemer (2010). ISBN: 9788792328724.

［20］ K. Alfriend, H. Yan, Evaluation and comparison of relative motion theories. J. Guid. Control Dyn. 28, 254 – 261 (2005).

［21］ J. Sullivan, S. Grimberg, S. D'Amico, Comprehensive survey and assessment of spacecraft relative motion dynamics models. J. Guid. Control Dyn. 40, 1837 – 1859 (2017).

［22］ C. Wei, S. – Y. Park, C. Park, Linearized dynamics model for relative motion under a J2 – perturbed elliptical reference orbit. Int. J. Non – Linear Mech. 55, 55 – 69 (2013).

［23］ L. Cao, A. K. Misra, Linearized J2 and atmospheric drag model for satellite relative motion with small eccentricity. Proc. Inst. Mech. Eng. Part G: J. Aerosp. Eng. 229, 2718 – 2736 (2015).

［24］ H. Schaub, S. R. Vadali, J. L. Junkins, K. T. Alfriend, Spacecraft formation flying control using mean orbit elements. J. Astronaut. Sci. 48, 69 – 87 (2000).

［25］ K. Alfriend, Nonlinear considerations in satellite formation flying, in *AIAA/AAS Astrodynamics Specialist Conference and Exhibit* (2002), p. 4741.

［26］ D. – W. Gim, K. T. Alfriend, Satellite relative motion using differential equinoctial elements. Celest. Mech. Dyn. Astron. 92, 295 – 336 (2005).

［27］ L. Breger, J. P. How, Gauss's variational equation – based dynamics and control for formation flying spacecraft. J. Guid. Control Dyn. 30, 437 – 448 (2007).

［28］ S. D'Amico, Relative orbital elements as integration constants of Hill's equations. DLR, TN, 05 – 08(2005).

［29］ O. Montenbruck, M. Kirschner, S. D'Amico, S. Bettadpur, E/I – vector separation for safe switching of the GRACE formation. Aerosp. Sci. Technol. 10, 628 – 635 (2006).

［30］ S. D'Amico, Autonomous formation flying in low earth orbit. Ph. D. thesis, TU Delft (2010).

［31］ A. W. Koenig, T. Guffanti, S. D'Amico, New state transition matrices for spacecraft relative motion in perturbed orbits. J. Guid. Control Dyn. 40, 1749 – 1768 (2017).

［32］ J. C. Sanchez, F. Gavilan, R. Vazquez, Chance – constrained model predictive control for near rectilinear halo orbit spacecraft rendezvous. Aerosp. Sci. Technol.

100, 105827 (2020).

[33] P. Lu, X. Liu, Autonomous trajectory planning for rendezvous and proximity operations by conic optimization. J. Guid. Control Dyn. 36, 375 – 389 (2013).

[34] A. Richards, J. How, Model predictive control of vehicle maneuvers with guaranteed completion time and robust feasibility, vol 5 (2003), pp. 4034 – 4040. ISBN: 0 – 7803 – 7896 – 2.

[35] C. Jewison, R. S. Erwin, A. Saenz – Otero, Model predictive control with ellipsoid obstacle constraints for spacecraft rendezvous. IFAC – PapersOnLine 48, 257 – 262 (2015).

[36] L. Ravikumar, R. Padhi, N. Philip, Trajectory optimization for rendezvous and docking using nonlinear model predictive control. IFAC – PapersOnLine 53, 518 – 523 (2020).

[37] A. Richards, E. Feron, J. How, T. Schouwenaars, Spacecraft trajectory planning with avoidance constraints using mixed – integer linear programming. J. Guid. Control Dyn. 25 (2002).

[38] L. S. Breger, J. P. How, Safe trajectories for autonomous rendezvous of spacecraft. J. Guid. Control Dyn. 31, 1478 – 1489 (2008).

[39] J. B. Mueller, R. Larsson, Collision avoidance maneuver planning with robust optimization, in *7th International ESA Conference on Guidance, Navigation and Control Systems*, June 2008, Tralee, County Kerry, Ireland (2008).

[40] Y. Mao, M. Szmuk, B. Açıkme, se, Successive convexification of non – convex optimal control problems and its convergence properties, in *2016 IEEE 55th Conference on Decision and Control (CDC)* (2016), pp. 3636 – 3641.

[41] J. Nocedal, S. Wright, *Numerical Optimization* (Springer Science & Business Media, 2006).

[42] F. Augugliaro, A. P. Schoellig, R. D'Andrea, Generation of collision – free trajectories for a quadrocopter fleet: a sequential convex programming approach, in *2012 IEEE/RSJ International Conference on Intelligent Robots and Systems* (2012), pp. 1917 – 1922.

[43] G. Deaconu, C. Louembet, A. Théron, Designing continuously constrained spacecraft relative trajectories for proximity operations. J. Guid. Control Dyn. 38,

1208 – 1217 (2014).

[44] J. Rawlings, D. Mayne, M. Diehl, *Model Predictive Control: Theory, Computation, and Design*, 2nd edn. (Nob Hill Publishing, 2017).

[45] P. O. Scokaert, D. Mayne, Min – max feedback model predictive control for constrained linear systems. IEEE Trans. Autom. Control 43, 1136 – 1142 (1998).

[46] W. Langson, I. Chryssochoos, S. Raković, D. Q. Mayne, Robust model predictive control using tubes. Automatica 40, 125 – 133 (2004).

[47] J. P. How, M. Tillerson, Analysis of the impact of sensor noise on formation flying control, in *Proceedings of the 2001 American Control Conference (Cat. No. 01CH37148)*, vol 5 (2001), pp. 3986 – 3991.

[48] G. Deaconu, C. Louembet, A. Théron, Minimizing the effects of navigation uncertainties on the spacecraft rendezvous precision. J. Guid. Control Dyn. 37, 695 – 700 (2014).

[49] M. Mammarella, E. Capello, H. Park, G. Guglieri, M. Romano, Tube – based robust model predictive control for spacecraft proximity operations in the presence of persistent disturbance. Aerosp. Sci. Technol. 77, 585 – 594 (2018).

[50] K. Dong, J. Luo, Z. Dang, L. Wei, Tube – based robust output feedback model predictive control for autonomous rendezvous and docking with a tumbling target. Adv. Space Res. 65, 1158 – 1181 (2020).

[51] C. Louembet, D. Arzelier, G. Deaconu, Robust rendezvous planning under maneuver execution errors. J. Guid. Control Dyn. 38, 76 – 93 (2014).

[52] A. G. Richards, Robust constrained model predictive control. Ph. D. thesis, Massachusetts Institute of Technology (2005).

[53] M. Tillerson, G. Inalhan, J. P. How, Co – ordination and control of distributed spacecraft systems using convex optimization techniques. Int. J. Robust Nonlinear Control: IFAC – Affil. J. 12, 207 – 242 (2002).

第 5 章　结论与未来的工作

本书已经证明，MPC 是在轨交会的姿态和轨道控制系统中的有效控制方法。通过使用与燃料消耗成正比的代价函数、终端状态约束和固定时域（FH）策略，在预先确定的机动持续时间内，可以获得燃料最优方案。此外，代价函数可以改写为线性函数，航天器之间的相对动力学可以通过 Yamanaka‑Ankersen 状态转移矩阵[1]精确线性化，从而可以使用线性预测模型。这样定时域 MPC[2] 的燃料最优规划问题变成了一个线性规划问题，可以高效地进行优化求解，因此可实现实时应用。该方法并不局限于特定的动力学模型，只需通过替换状态模型矩阵，就可以用于任意线性化动力学模型，比如包含摄动的模型[3‑4]或者相对轨道要素模型[5‑6]。

与传统的制导技术相比，定时域 MPC 方案在减少燃料消耗方面具有优势，前者通常依赖两次开环脉冲机动来实现状态之间的重新配置。与双脉冲方法不同，由于 MPC 并不局限于两次控制动作，控制器可以通过执行中间推力来生成更加高效的轨迹。这种方法对于大轨椭圆轨道中的机动，比如 PROBA‑3 任务的交会实验（RVX）[7]特别有优势。其中，由于动力学特性是时变的，执行机动的时刻变得更加关键。然而，定时域 MPC 方法只能针对预定转移持续时间给定的情况进行燃料消耗优化，而变时域 MPC 方法通过将问题重新构建为 MILP[2] 问题，可以同时优化机动持续时间和燃料消耗。虽然在线求解 MILP 问题往往不可行，但变时域 MPC 可以用于离线确定最佳机动持续时间，然后使用定时域 MPC 执行机动。

本书的另一个贡献是，研究了远高于其他参考文献通常所考虑的轨道偏心率的问题，PROBA‑3 任务表明，这一问题仍然十分关键。随着偏心率的增加，动力学特性也变得越来越时变，以至于在近地点时航天器速度可能比在远地点时快几十倍。为了解决这个问题，本书建议使用恒定偏近点角间隔对 MPC 动力学进行采样，而不是泛用的恒定时间间隔采样，从而使样本在轨道上分布得更加均匀。

在这项工作中，采用了 Ankersen 零阶保持器的特解[8]，但除了参考文献［9］和［10］等少数几个例子外，用于 MPC 的交会模型通常是脉冲模型。而恒定推力参数模型能更真实地模拟航天器的推力曲线（特别是在近距离的机动中），并且能消除将脉冲控制离散化后采样时刻推力的常见误差。然而由于此时采样间隔非常大，在相当长的时间段内保持恒定的推力动作是不可取的。不过，通过在特解中给定小于完整 MPC 采样周期的推力持续时间可以克服这个缺点，即部分零阶保持器的离散化。此外，由于大多数航天器轨道机动系统只有不可调节的开关式推力器，因此要通过脉冲宽度调制（PWM）产生中间幅值的推力。更符合实际任务的模型是将 PWM 参数作为决策变量，尽管这种方法会产生非线性预测模型。在参考文献［9］中，作者 Vazquez 等通过两个线性规划序列解决了这一问题。

MPC 相对于其他制导控制策略的主要优势在于，允许明确纳入控制和状态约束[11]。在交会场景中，这一优势对于模拟推力限制非常有用，如果航天器具有全向推力，那么可以通过线性约束实现，从而将定时域 MPC 保持为二次规划问题。

在近距离控制中的另一个关键控制约束与被动碰撞安全有关[12]。被动碰撞安全要求为每个失败轨迹添加几个避障约束，这些约束自然是非凸的，因此在优化中产生了更高的计算成本。这些非凸约束在以往的研究中被建模为线性约束[12-16]，因此适用性有限。因此，本书提出了一种使用线性约束实现避障的新方法，即序列线性规划避障（obstacle avoidance with sequential linear programming，OASLP）。该方法依赖于执行一系列具有连续线性化和时间变化障碍约束的二次规划优化，从而使二次规划解收敛到具有原始非线性约束的问题的解。模拟结果表明，该算法优于标准的序列二次规划（sequential quadratic programming，SQP）算法，后者的计算时间最多能多出两个数量级。尽管模拟结果显示，OASLP 在少量迭代后就会满足收敛要求，但理论上尚未证明是否真的收敛。此外，有些情况下，二次规划子问题可能变得不可求解，这一缺点限制了该技术的使用，必须在未来的工作中加以解决。用凸优化处理非凸约束是很有前景的，这种技术值得进一步研究。

设计制导控制系统时的另一个关键是系统对扰动和摄动的鲁棒性，其中在交会场景中最重要的是建模误差、导航不确定性和执行误差。尽管 MPC 本质上可以实现鲁棒的收敛[11]，但为了实现鲁棒可行性、提升鲁棒性能和满足鲁棒约束可能需要额外的研究。为了确保定时域 MPC 公式中的终端约束不会使优化问题变得不可求解，本书采用了终端盒方法[17]，该方法将终端约束放宽到允许问题可解的最小尺寸，同时保持问题为二次规划问题，不显著增加计算复杂性。

鲁棒性能，这里指的是燃料消耗性能和机动精度的鲁棒性，通常在文献中不被提及。为了避免由于随机扰动导致轨迹过度修正，本书提出了一种动态可变的终端盒约束，用来等价取代终端状态约束，从而获得更好的燃油消耗性能并保持导航精度。但这种方法需要进行调整，这也是本书进一步研究的课题。例如，终端盒的大小可以根据已知不确定性的函数计算。本书还提出了使用二次终端控制器取代定时域 MPC 控制器最终迭代的控制方法，以便实现更精确的制动机动，并提供更好的终端精度。上述两种技术都不会增加问题的计算复杂度。书中还介绍了调整 MPC 重解率的方法，从而在燃料消耗方面实现更好的鲁棒性能。

这些技术已在工业高保真模拟器中得到验证，模拟器包括地球非球引力摄动、太阳光压摄动、导航扰动和执行误差，执行误差包括推力器的最小脉冲位（minimum impulse bit，MIB）效应，以 PROBA – 3 RVX 作为测试场景。在扰动存在的情况下，基本的定时域 MPC 在鲁棒可行性和性能方面的局限性已经得到了证明。所提出的鲁棒技术可以改善这些缺点，而且不会显著增加计算复杂性。也就是说，尽管一些扰动未在控制器中建模，但本书的鲁棒性技术允许定时域 MPC 实现鲁棒参考状态跟踪，最终其终端误差与导航扰动相当，并且总机动 ΔV 仅比理想值高出不到 10%。此外，研究表明此方法的计算时间满足实时实现的要求。

最后，虽然本书没有研究鲁棒约束满足技术，但对于被动安全约束来说，这些技术是必要的。参考文献 [18] 和 [19] 中提出的机会约束 MPC 方法是一个很好的候选方案，该方案采用约束压缩和在线不确定性估计，且不会显著增加计算复杂性。

虽然 MPC 具有在实际交会任务中作为制导控制系统的潜力，但其可行性取决于该任务的具体硬件情况。虽然 MPC 可以提供更好的自主性并改善燃料消耗情况，但必须平衡其最大的缺点，即计算复杂性。此外，在 MPC 成为一个有吸引力的替代方案之前，还需要分析 MPC 是否确实比传统方法提供了更少的燃料消耗，并考虑交会任务中存在的所有扰动，因为这些扰动可能会大大降低 MPC 性能。这就需要一种确保鲁棒性的标准方法，且这种方法仍然可在实时环境中实现，但目前尚不存在这样的方法，因此需要进一步研究。

开放研究课题（原文 5.1）

最后，本专著提出的开放性研究课题总结如下：

（1）考虑并比较其他替代的预测模型，例如，基于相对轨道要素和其他动力学模型，如三体问题和近直线晕轨道。

（2）研究 OASLP 算法收敛到原始非线性问题局部最小值的情况，解决线性约束使问题不可求解的情况，并提供有界性证明。

（3）在扰动存在的情况下测试被动安全约束，并尝试采用鲁棒优化满足约束要求。

（4）研究在被动安全约束中发生中间推力故障的情况，并确保连续时间轨迹不违反约束。

（5）改进本文提出的用于提高鲁棒性能的方法，即动态终端盒和终端二次控制器控制方法。

（6）在具有 6 自由度动力学和简单控制器的现实模拟环境中，测试 MPC 算法以定量评估性能，并与传统方法进行对比。

（7）在类似于航天器软硬件的嵌入式环境中实现和测试当前 MPC 算法，以期得到具有保证收敛性和良好早期终端特性的优化算法。

参 考 文 献

［1］ K. Yamanaka, F. Ankersen, New state transition matrix for relative motion on an arbitrary elliptical orbit. J. Guid. Control Dyn. 25, 60－66 (2002).

［2］ A. Richards, J. How, Performance evaluation of rendezvous using model predictive control, in *AIAA Guidance, Navigation, and Control Conference and Exhibit*, November 2003 (2003).

［3］ C. Wei, S.－Y. Park, C. Park, Linearized dynamics model for relative motion under a J2－perturbed elliptical reference orbit. Int. J. Non－Linear Mech. 55, 55－69 (2013).

［4］ L. Cao, A. K. Misra, Linearized J2 and atmospheric drag model for satellite relative motion with small eccentricity. Proc. Inst. Mech. Eng. Part G: J. Aerosp. Eng. 229, 2718－2736 (2015).

［5］ L. Breger, J. P. How, Gauss's variational equation－based dynamics and control for formation flying spacecraft. J. Guid. Control Dyn. 30, 437－448 (2007).

［6］ A. W. Koenig, T. Guffanti, S. D'Amico, New state transition matrices for spacecraft relative motion in perturbed orbits. J. Guid. Control Dyn. 40, 1749－1768 (2017).

［7］ P. Rosa et al., Autonomous close－proximity operations in space: the PROBA－3 rendezvous experiment (P3RVX) in 69*th International Astronautical Congress* (IAC 2018) (2018).

[8] F. Ankersen, Guidance, navigation, control and relative dynamics for spacecraft proximity maneuvers. Ph. D. thesis, Institut for Elektroniske Systemer (2010). ISBN: 9788792328724.

[9] R. Vazquez, F. Gavilan, E. F. Camacho, Model predictive control for spacecraft rendezvous in elliptical orbits with on/off thrusters. IFAC – PapersOnLine 48, 251 – 256 (2015).

[10] R. Vazquez, F. Gavilan, E. F. Camacho, Pulse – width predictive control for LTV systems with application to spacecraft rendezvous. Control Eng. Pract. 60, 199 – 210 (2017).

[11] J. Rawlings, D. Mayne, M. Diehl, *Model Predictive Control: Theory, Computation, and Design*, 2nd edn. (Nob Hill Publishing, 2017).

[12] L. S. Breger, J. P. How, Safe trajectories for autonomous rendezvous of spacecraft. J. Guid. Control Dyn. 31, 1478 – 1489 (2008).

[13] J. B. Mueller, R. Larsson, Collision avoidance maneuver planning with robust optimization in 7*th International ESA Conference on Guidance, Navigation and Control Systems*, June 2008, Tralee, County Kerry, Ireland (2008).

[14] S. Di Cairano, H. Park, I. Kolmanovsky, Model predictive control approach for guidance of spacecraft rendezvous and proximity maneuvering. Int. J. Robust Nonlinear Control 22, 1398 – 1427 (2012).

[15] E. N. Hartley, P. A. Trodden, A. G. Richards, J. M. Maciejowski, Model predictive control system design and implementation for spacecraft rendezvous. Control Eng. Pract. 20, 695 – 713 (2012).

[16] A. Weiss, M. Baldwin, R. S. Erwin, I. Kolmanovsky, Model predictive control for spacecraft rendezvous and docking: strategies for handling constraints and case studies. IEEE Trans. Control Syst. Technol. 23, 1638 – 1647 (2015).

[17] M. Tillerson, G. Inalhan, J. P. How, Co – ordination and control of distributed spacecraft systems using convex optimization techniques. Int. J. Robust Nonlinear Control: IFAC – Affil. J. 12, 207 – 242 (2002).

[18] F. Gavilan, R. Vazquez, E. F. Camacho, Chance – constrained model predictive

control for spacecraft rendezvous with disturbance estimation. Control Eng. Pract. 20, 111 – 122 (2012).

[19] J. C. Sanchez, F. Gavilan, R. Vazquez, Chance – constrained model predictive control for near rectilinear halo orbit spacecraft rendezvous. Aerosp. Sci. Technol. 100, 105827 (2020).